灵山岛早白垩世地质特征及构造演化

孟元库　栾锡武　孟凡雪　杨仁超　著

地质出版社

·北　京·

内容提要

本书以灵山岛地区为主要研究对象，运用构造解析的研究思路，在详细的野外地质调查的基础上，以同位素年代学、矿物学、岩石学和同位素地球化学为主要手段，结合系统的室内分析，并与灵山岛邻区近乎同时代的花岗岩进行对比性研究，从而提出了灵山岛及邻区新的构造演化模式，为进一步深入了解华北克拉通的破坏提供了典型案例和科学依据。

本书资料丰富，数据翔实，可以供从事基础地质研究的广大地质工作者和大专院校相关专业师生参考、借鉴。

图书在版编目（CIP）数据

灵山岛早白垩世地质特征及构造演化 / 孟元库等著.

北京：地质出版社，2024. 9. --ISBN 978-7-116-14329-6

Ⅰ. P548. 523

中国国家版本馆 CIP 数据核字第 2024WZ6747 号

LINGSHAN DAO ZAOBAI'ESHI DIZHI TEZHENG JI GOUZAO YANHUA

责任编辑：田　野
责任校对：陈　曦
出版发行：地质出版社
社址邮编：北京市海淀区学院路 31 号，100083
电　　话：(010) 66554528（邮购部）；(010) 66554631（编辑室）
网　　址：https://www. gph. clmpg. com
传　　真：(010) 66554686
印　　刷：北京地大彩印有限公司
开　　本：787 mm×1092 mm　1/16
印　　张：8
字　　数：200 千字
版　　次：2024 年 9 月北京第 1 版
印　　次：2024 年 9 月北京第 1 次印刷
定　　价：68. 00 元
书　　号：ISBN 978－7－116－14329－6

前　言

灵山岛是中国北方第一高岛（岛上最高海拔为513.6m），犹如一颗璀璨的明珠镶嵌在南黄海中。灵山岛总面积约7.66km^2，是山东省青岛市最大的有居民海岛，常住居民2400余人，是全国首批地质文化村镇，也是山东省重点自然保护区。另外，在大地构造上，灵山岛位于苏鲁造山带中段，岛上发育有早白垩世的沉积岩以及近乎同时代的火山岩和火山碎屑岩。灵山岛除了秀丽的自然风光景色之外，它还是地质工作者进行地学研究最为理想的地区，特别是岛上发育的软沉积变形（Soft Sedimentary Deformations，SSDs）构造非常典型，引起了国内外地质学家的高度关注和青睐，并多次成为国内外重要学术会议会后考察的首选区域。另外，岛上的火成岩岩石类型也非常丰富（中性到酸性），这些火成岩是研究苏鲁地区早白垩世华北克拉通破坏最为理想的地质素材。

在前人研究的基础上，本书对灵山岛上的早白垩世碎屑岩、火山熔岩以及邻区的花岗岩开展了系统性的研究工作，精准厘定了碎屑岩、火山熔岩和花岗岩的形成时代，并对其形成环境进行了深入的探讨。通过对灵山岛早白垩世碎屑岩开展研究，获得以下认识：①碎屑锆石LA-ICP-MS U-Pb测年结果显示，白垩系莱阳群法家茔组和青山群八亩地组下部的碎屑岩沉积时代分别为127±3 Ma和128±4 Ma，表明两套碎屑岩都是早白垩世中晚期的沉积产物；②灵山岛上两套碎屑岩具有完全相似的年龄谱以及锆石Hf同位素组成，表明发育软沉积变形的细粒粉砂岩、泥岩和上覆的含砾粗砂岩具有相似的物源区，并且物源区组成较为单一，主要以胶北地体为主，苏鲁造山带为辅；③胶莱盆地下白垩统莱阳群和灵山岛下白垩统莱阳群的碎屑岩锆石年龄谱对比表明，灵山岛上的莱阳群碎屑岩明显不同于胶莱盆地的莱阳群，暗示在早白垩世时，灵山岛上的两套碎屑岩可能受到区域断裂的控制，沉积于一个相对独立的断陷盆地。此外，对灵山岛上火山熔岩和邻区同时代的花岗岩进行研究后，取得如下认识：①锆石 SHRIMP II 和 LA-ICP-MS 测年显示，流纹岩和中性火山岩形成于早白垩世早期，形成时代分别为 121～127 Ma 和 129～131 Ma。②锆石 Hf-O 同位素和新元古代的继承性锆石暗示流纹岩来自扬子壳源物质的部分熔融；中性火山岩主量元素具有较大的变化及高的 Cr 和 $Mg^{\#}$ 值暗示其源区的不均一性，主要源于富集岩石圈地幔的部分熔融，经过二阶段模式形成灵山岛上现今的中性火山岩组合。③胶南草场村花岗岩形成于早白垩世 Aptian（阿普特）期（约 119 Ma），是古老的陆壳物质部分熔融的产物，其中富集的幔源岩浆也参与了花岗岩的形成与演化。

早白垩世时，研究区及邻区由于岩石圈拆沉减薄，导致软流圈地幔物质上涌，引起下地壳发生部分熔融形成花岗质岩浆。随后，花岗质岩浆在地下约 10 km 处结晶成岩，而此时的灵山岛则为典型的断陷湖盆沉积并伴随有强烈的火山岩浆作用，引发地震，导致刚刚沉积的碎屑岩发生大规模滑塌，形成灵山岛上典型的不同类型的滑塌褶皱构造。由于晚白垩世早—中期，胶南地区强烈的构造抬升，导致下伏约 10 km 的地壳被剥蚀殆尽，原来深埋地下的花岗岩被抬升至地表（大珠山、小珠山等花岗岩体）；与花岗岩相比，灵山岛上的沉积岩和火山角砾岩则形成于地表浅层，为典型的表壳岩系，至今仍然保存完好，暗示了从早白垩世至今灵山岛地区没有遭受强烈的构造剥蚀作用。根据区域抬升的差异性，我们推测灵山岛和胶南地区存在一个区域性断裂，该断裂早期是典型的控-盆断裂，后期则控制了区域上的差异性隆升和剥蚀。

本书是在前人研究的基础上，对灵山岛不同的岩石类型开展了详细的研究，获得了一些新的认识，特别是首次提出了灵山岛上的火山岩和下伏的沉积岩是近同时形成的，而非前人所认为的下老上新，具有明显的穿时性。根据构造岩性组合，我们提出灵山岛的沉积岩形成于典型的早白垩世断陷湖盆，属于典型的陆相沉积，其中软沉积变形与火山地震具有密切的关系。

本书在撰写和出版的过程中，得到了青岛海洋地质研究所李日辉研究员、侯方辉博士，武汉地质调查中心徐扬博士，山东科技大学韩作振教授、常象春教授、王淞杰副教授、曹玉亭副教授、杜龙博士的帮助和指导！另外，青岛海洋地质研究所邵珠福博士后提供了部分软沉积变形的照片，在此深表感谢。部分研究生参与了本书参考文献的整理。本书得到国家自然科学基金（92055211和42249801）以及山东省高等学校青年创新团队发展计划（2019KJH004）的支持和资助！

受到时间、篇幅所限，前人取得的许多科研成果未能在本书中得以引用和概述，不少理论认识仍然较为肤浅，书中难免存在不足之处，敬请广大读者批评指正！

目　　录

第1章　引　　言

中央造山带是中国大陆的脊梁，在中国大陆形成与演化中占有突出的地位。它经历了长期的发展和演化，具有复杂的组成和结构，是一个独具特色的、典型的复合大陆造山带，非已有造山带模式所能概括，是地学研究的天然实验室（Yang et al.，2005a；许志琴等，2015）。其中，苏鲁造山带位于中央造山带的东段，该区以发育高压-超高压变质岩系而为全球地学界所瞩目，成为国内外开展高压-超高压变质岩研究最为理想的地区（张泽明等，2005；Zhang et al.，2005；Zhai et al.，2008；刘福来等，2011；Li et al.，2016；Liu et al.，2017）。该造山带主要由花岗质片麻岩组成，其出露面积达到了变质基底岩系的80%（刘福来等，2004；邱检生等，2010；Liu et al.，2017），其他类型的岩石所占比例较小，主要以岩片或者透镜体状出现在花岗质片麻岩中。前人通过对苏鲁造山带变质岩系的研究，取得了重要的认识和进展，为进一步研究华北板块和扬子板块在中生代早期发生的俯冲碰撞以及随后的折返过程奠定了基础，并建立了板块俯冲、碰撞、板片断离以及高压-超高压岩石折返等多阶段的演化模式（徐树桐等，1994；Zheng et al.，2003；李曙光等，2005；Hacker et al.，2009；Zhang et al.，2008，2011；Liu et al.，2012，2017；Li et al.，2016）。与之相比较，对夹在其中的晚中生代碎屑岩以及火山岩研究较为薄弱（李双应等，2008；吕洪波等，2011；Xie et al.，2012；彭楠等，2015；Meng et al.，2018），这严重制约了对苏鲁造山带形成和演化的全面理解。

灵山岛位于苏鲁造山带中段，青岛市西南40 km的黄海之中，总面积7.66 km^2，海拔513.6 m，是中国北方第一高岛。据山东省区域地质资料，岛上的岩石主要由白垩纪河湖相碎屑岩和上覆的中酸性火山岩组成（宋明春和王沛成，2003）。吕洪波等（2011）对灵山岛碎屑岩进行了深入考察和研究，认为其属于典型的深海—半深海沉积而非传统的河湖相沉积，苏鲁造山带在晚侏罗世—早白垩世时仍属于残余海（洋）盆，并指出扬子板块和华北板块的最终缝合拼贴应该在早白垩世晚期。这一新的认识对传统的认识进行了挑战，让我们从新的角度重新审视大别-苏鲁造山带的构造演化和造山过程。因此，吕洪波等（2011）新的认识，引起了苏鲁造山带新的地学热，随后众多的专家、学者对灵山岛的碎屑岩、火山岩进行了考察研究，特别是2012年和2023年古地理及沉积学学术会议在青岛召开，灵山岛作为两次会议的野外考察点，更是引起了地质学家的再一次关注，也将苏鲁造山带的地学研究推到了一个新的高潮。此外，与灵山岛近邻的崂山八仙墩碎屑岩，也被认为是早白垩世时的一套河湖相沉积（宋明春和王沛成，2003）。然而，相关学者经过野外详细考察和室内地球化学分析，认为该套碎屑岩属于典型的扬子板块被动陆缘沉积，也非陆相沉积，沉积时代应为奥陶纪（付永涛和虞子冶，2010；吴拓宇等，2010）。因此，可以看出苏鲁造山带中段东缘碎屑岩的精确沉积时代和成因仍然存在着争议，这对从整体上了解苏鲁造山带的沉积大地构造背景和古地理格局带来了困难。其次，灵山岛上发育有厚层的火山熔岩和火山角砾岩，与灵山岛上的沉积碎屑岩相比，火山岩的关注程度相对较低，只有少部分学者对其开展了研究（Wang et al., 2014；Meng et al., 2018；张书凯等，2019；周腾飞等，2022）。由于关注程度、研究手段和方法所限，这些火山岩的形成时代、岩石组合特征和成因机制目前仍然缺乏系统性的研究。

本书在前人研究的基础之上，以目前研究中存在最为突出的科学问题为导向，通过野外地质调查和室内研究相结合的手段，本着“野外—室内—野外”的原则对青岛灵山岛上的碎屑岩和火山岩（含火山角砾岩）进行了系统性的研究，以构造地质学-岩石学相结合的手段为主要研究思路，重点从成岩时代、岩石成因、岩石组合3个方面开展工作。此外，由于灵山岛是北方第一高岛，是青岛市近几年兴起的重要旅游景点，2016年仅国庆黄金周期间游客就达2万多人，全年可达12万人，更是重要的地学科普基地。因此，本书的研究成果不仅有望解决一些区域性的热点地质问题，而且将是普及地质知识、进行科普教育、促进旅游业发展的一个良好教材，将产生重要的经济和社会效益（王青等，2021）。

1.1 研究现状及存在问题

1.1.1 灵山岛早白垩世碎屑岩研究概况

大别-苏鲁造山带是扬子板块和华北板块在三叠纪时俯冲碰撞的产物，以出露高压（HP）和超高压（UHP）变质岩系为其主要特征（Liu et al., 2017；Zhao et al., 2017）。由于郯庐断裂带在中晚侏罗世的左行走滑，大别-苏鲁造山带被分为两部分，即西侧的大别造山带和东侧的苏鲁造山带（周建波等，2016）。苏鲁造山带西侧以郯庐断裂带为界，北侧以五莲–青岛–烟台断裂为界，南侧以嘉山–响水–千里岩断裂为界。大别–苏鲁造山带是世界上现存规模最大的高压、超高压变质带，是研究板块俯冲、碰撞到最终超高压岩石折返最佳的天然实验室（Carswell et al.，2003；Ernst et al.，2007；郑永飞等，2008）。近30年来，前人对苏鲁造山带的研究主要集中于岩石学、矿物学、同位素地球化学以及地质年代学（李曙光等，2005；张泽明等，2005；郑永飞等，2008；刘福来等，2011；Liu et al.，2012，2017），而对板片俯冲和碰撞过程中的沉积作用研究相对薄弱，这直接制约了对苏鲁造山带整体构造演化的理解。研究区域（灵山岛）位于苏鲁造山带中段东缘，位于南黄海中，远离大陆（距离最近的陆地直线距离为10.5 km），交通不便，研究程度相对较低。研究区地层单元从下到上包括：下白垩统莱阳群（不整合在前寒武纪结晶岩系上）和下白垩统青山群。研究区及邻区出露的早白垩世沉积岩系记录着盆–山耦合和大地构造演化的重要信息，保存了扬子板块与华北板块碰撞造山和后造山伸展的关键证据。通过相关文献研读，对前人在研究区的工作和认识进行了归纳和总结，为下一步的研究指明了方向。

传统观点认为灵山岛上的沉积岩是早白垩世时沉积的一套河湖相地层，为典型的陆相沉积（山东省地质矿产局，1991；宋明春和王沛成，2003；钟建华等，2016；李守军等，2017）。吕洪波等（2011）对灵山岛进行了详细的地质考察，发现了大量的软沉积变形和滑塌构造，包括大型的滑塌平卧褶皱、斜歪倒转褶皱以及砂岩的滑积块等。此外，吕洪波等（2011，2012）还结合岩相学特征（鲍马序列），认为灵山岛上的砂泥岩为“深海—半深海相沉积”，为典型的浊积岩，由此认为，扬子板块和华北板块在晚侏罗世—早白垩世时没有完全碰撞，即中国东部存在残余海盆。钟建华（2012）和邵珠福等（2014a）对此提出异议，认为灵山岛上的砂泥岩沉积应为典型的陆内三角洲相（浅水沉积）：主要包括水下天然堤、水下决口扇、三角洲前缘或侧缘斜坡，而不是远洋浊积岩。王安东等（2013）、董晓朋等（2014）以及周瑶琪等（2015a，2017）认为灵山岛碎屑岩中大型的平卧褶皱和滑塌构造为典型的地震成因，并指出早白垩世时苏鲁造山带中段东缘地区（灵山岛）地震频发。而对于沉积大地构造环境，王安东等（2013）和周瑶琪等（2015a，2015b，2017）认为这些由地震触发而形成的震积岩形成于裂陷型盆地（海盆），而董晓朋等（2014）认为沉积环境为深海—半深海的残余海盆。邵珠福等（2014b）通过对灵山岛下白垩统砂岩纹层的研究，发现纹层控制的砂级颗粒呈现叠瓦状分布，认为产生这种叠瓦状纹层的水动力为平行水流，形成的层理为典型的平行层理而非水平层理，指出这种纹层级别的叠瓦构造多发生在浅水的湖相三角洲环境。对于灵山岛中砂泥岩中滑塌构造，葛毓柱等（2015）却持有不同的观点，强调灵山岛碎屑岩中的滑塌构造为沉积物快速沉积所引起的重力滑塌成因，而非地震成因。正由于灵山岛下白垩统碎屑岩中的大型平卧褶皱和滑塌褶皱导致该沉积岩系无法和相邻地区的早白垩世地层相对比，张海春等（2013）建议将吕洪波等（2011）认为的海相浊积岩（砂泥岩）命名为灵山岛组。在前人工作的基础上，Wang 等（2014）首次对“灵山岛组”的碎屑岩进行了锆石 U-Pb 定年和 Hf 同位素分析，研究结果显示：“灵山岛组”沉积的时代应为 121 Ma（沉积下限），其物源可能来自早白垩世的火山岩、华北板块或扬子板块基底以及苏鲁造山带高压-超高压变质岩的原岩，强调沉积岩系和上部的青山群有关，而和莱阳群没有关系。近期，钟建华等（2016）首次在灵山岛上发现了风暴岩和风暴沉积，揭示了该套沉积为相对较浅水的湖相环境下，而非深海相。另外，钟建华等（2016）在灵山岛背来石观察点识别出了三角洲平原相和三角洲前缘相，根据野外沉积构造特征，进一步指出，灵山岛下白垩统为一套典型的震积岩，形成过程为：由于强烈的地震作用，引起湖水发生震荡，使得湖底刚沉积的松散沉积物被搅动，发生再沉积作用。在整个再沉积的过程中，由于湖水的侵蚀和波浪作用，形成了类似风暴沉积物的构造特征。Yang 和 Loon（2016）对灵山岛进行详细的考察后，认为灵山岛下白垩统莱阳群法家茔组形成于深海的弧间盆地，为典型的伸展拉张环境。此外，灵山岛上的滑积岩块的露头尺度从数米到数十米不等，具有典型的浊积岩特征。软沉积变形的种类较多，在水下沉积的和堆积的速率较快。软沉积变形中的胀缩状构造和砂岩的布丁构造均形成于成岩之前（Yang and Loon，2016）。章朋等（2016）通过对胶莱盆地底部林寺山组的砾石进行研究后认为，胶莱盆地早白垩世时山东东部地区为典型的盆-隆区，由独立的盆地和隆起组成，沉积环境为典型的陆相沉积，而非海相沉积。章朋等（2016）进一步指出，胶莱盆地林寺山组砾岩的出现标志了苏鲁造山带的大规模塌陷和胶莱盆地的形成。

此外，部分学者对灵山岛法家茔组中的砂泥岩复理石进行了地球化学研究。许红等（2015）认为灵山岛下白垩统的砂泥岩形成于海相的咸化水，有机质为典型的Ⅰ型和Ⅲ型干酪根。刘杨（2014）认为灵山岛地区应属于咸水—半咸水沉积环境，有机质类型以腐泥质（Ⅰ型）为主，含有腐殖型（Ⅲ型）（高等植物）。此外，刘杨（2014）通过正-构烷烃的分析，认为灵山岛地区的有机质来源为混合型（低等植物和高等植物的混合），表现为一个海陆交互的沉积环境（咸水—半咸水）。冯乔等（2018）对胶莱盆地中的瓦屋夼组和水南组进行了沉积地球化学和古环境分析，认为胶莱盆地东缘（包括灵山岛）在早白垩世时为典型的海相沉积环境，形成于干热和氧化环境，而非陆相沉积环境。张振凯等（2017）也运用沉积地球化学的手段，对灵山岛莱阳群的碎屑岩进行了分析，研究认为灵山岛碎屑岩沉积环境为海相，形成背景主要为大陆岛弧，其次为活动大陆边缘，并指出莱阳期时灵山岛地区的气候为典型的干热气候。与前人不同的是，Zhang 等（2023）对灵山岛上的碎屑岩也开展了详细的全岩地球化学分析，认为灵山岛早白垩世的沉积岩系早期为咸水湖相沉积，晚期湖水逐渐淡化，并得出碎屑岩主要来自长英质源区，起源于大陆岛弧和活动大陆边缘环境。Zhang 等（2023）进一步得出，灵山岛上的早白垩世碎屑岩很好地记录了沉积时的古气候环境，即从干热逐渐到湿热的一个过程。

在灵山岛流纹岩之上，还发育有一套厚层的砂砾岩层。相比较流纹岩层下的细粒砂岩-粉砂岩，沉积在流纹岩之上的巨厚层砂砾岩却受到了“冷遇”，研究程度很低，对其成因机制和形成环境目前没有系统性研究，也缺乏报道。部分学者认为该厚层砂砾岩为典型的磨拉石建造，代表了板块完全碰撞后，山脉快速隆升，在山前堆积的一套粗碎屑沉积岩（吕洪波等，2011；董晓朋，2014）。而一部分学者认为该套粗碎屑岩为典型的河流相沉积（钟建华，2012；钟建华等，2016）。因此，该粗碎屑岩成因的厘定对直接确定当时的古地理和古地貌环境具有非常重要的意义。一般而言，磨拉石建造代表了造山带的隆升和快速侵蚀，往往形成于造山带的早期，对板块碰撞的时限具有重要的启示意义。而河流相沉积仅仅是陆源沉积的一种类型，和造山带的隆升、板块的碰撞之间不一定具有成因上的联系。

综上所述，可以看出，对于同一套沉积岩系，不同的学者从构造地质学、沉积学、岩石学、矿物学和地球化学的角度出发，得出完全不同的结论，主要结论包括海相和河湖相沉积。为什么会造成如此差异之大的认识？这主要是由于不同的学者从自己的专业角度出发，仅考虑到形成灵山岛下白垩统沉积岩的一种可能的原因，而缺乏和上覆火山岩以及邻区的对比性研究，造成了目前“百家争鸣”的局面。

另外，除了沉积学之外，其他学者还分别从构造期次、滑塌方式、非构造裂缝、应变模式、古地磁、大陆动力学等方面对灵山岛进行了细致的研究（王安东等，2014；李杰等，2015；刘菲菲等，2016；程燕君等，2022），本书不再进行一一赘述。

1.1.2 灵山岛早白垩世火山岩（含火山角砾岩）研究概况

灵山岛上还发育有厚 15~20m 的流纹岩，该流纹岩野外露头良好，隐晶质结构，与下伏的下白垩统沉积岩呈角度不整合接触。对于该厚层流纹岩，前人进行了锆石 U-Pb 年代学分析，结果显示该套流纹岩侵位、结晶的时代为 119~123 Ma（Wang et al.，2014；许红等，2015；周瑶琪等，2015b；张书凯等，2019）。对于该套流纹岩的岩石成因以及大地构造背景缺乏系统性研究。Wang 等（2015）对该套流纹岩进行初步研究后认为，流纹岩来自古老地壳的部分熔融。对于覆盖在流纹岩之上的火山岩（含火山角砾岩）的年代学和岩石成因，Wang 等（2015）认为灵山岛火山岩主要来自富集岩石圈地幔的部分熔融，并且同化、混染和结晶分异在火山岩的形成方面扮演了重要的角色。Wang 等（2015）根据灵山岛上火山岩的岩石地球化学特征，认为苏鲁地区上地幔岩石圈和下地壳减薄的集中时间为123~120 Ma，并认为太平洋板块俯冲方向的突然改变是引起岩石圈和下地壳减薄的主要内在因素。张书凯等（2019）对灵山岛上的流纹岩也开展了研究，提出了新的认识：①灵山岛流纹岩属于高钾钙碱性的高分异I型流纹岩；②灵山岛流纹岩是古老地壳物质重熔的产物，中新元古代继承锆石的发现暗示其源于扬子板块古老陆壳（中地壳）的部分熔融；③华北克拉通破坏是引起扬子板块壳源物质发生大规模（减压）部分熔融的内在因素，岩石圈破坏形成的区域性伸展构造为流纹岩的最终上升和就位提供了空间。Meng等（2018）对岛上的火山岩开展了岩石学、矿物学和锆石Hf-O同位素研究，认为灵山岛上的中性火山熔岩来自二阶段的成岩过程，在三叠纪时，第一阶段扬子板块壳源的长英质熔体交代上覆的陆下岩石圈（SCLM），形成镁铁质和超镁铁质复合熔体；到了早白垩世时（125~130 Ma），整个中国东部地区的岩石圈发生大规模的减薄，苏鲁造山带加厚地壳发生构造坍塌，在三叠纪时形成的超镁铁质复合熔体发生减压部分熔融形成后碰撞的玄武质岩浆。新形成的玄武质岩浆在上升的过程中与上覆壳源物质发生混合作用形成了研究区内中性的岩石组合。

除灵山岛之外，我们对苏鲁造山带其他地区的早白垩世火成岩也进行了系统的调研，目前对于该时期岩浆的成因主要有以下几种观点：①华北克拉通破裂，岩石圈减薄，导致软流圈物质上涌，形成了该时期的岩浆作用（Gao et al.，2004；Zhang et al.，2005；Liu et al.，2008）；②与古太平洋域的伊泽奈崎板块的俯冲有关（Chen et al.，2004）；③岩石圈减薄和古太平洋板块俯冲的综合作用（Wang et al.，2015）。因此，对灵山岛上厚层流纹岩和中性火山岩进行系统性的野外地质调查、地球化学和同位素地质学等综合研究则具有更重要的科学意义。一方面，灵山岛上的中酸性火山岩能为进一步研究苏鲁造山带在早白垩世时的大地构造背景提供新的地质学证据；另一方面，对进一步了解整个苏鲁造山带的岩石圈演化也具有重要的启示意义。

1.2 主要研究方法

（1）野外地质调查

选择灵山岛作为研究区，选择典型的野外露头剖面，测量构造要素，进行构造解析，建立精细的研究剖面，并开展系统的样品采集。

（2）构造解析

构造解析最早由马杏垣院士（1983）提出，主要包括几何学、运动学和动力学解析。几何学主要包括形态、产状、方位、大小以及构造内部要素之间的几何关系；运动学旨在分析岩石形成到变形期间所经历的过程和发生的运动规律，揭示改变岩石的岩层和岩体的位置、方位、大小和形态以及形变等组合情况；动力学主要是阐明构造动力、应力和力学过程，包括定量评价地质体的原始形态大小和形状的改变程度。在几何学、运动学、动力学3个要素中，几何学是运动学和动力学解析的基础。运用构造解析的思路，对灵山岛上沉积岩的构造组合（特别是软沉积）进行详细剖析，以不同类型的构造组合为突破口，重点探究不同类型构造之间的内在关系以及它们之间的内在成因，不单单以岩石学、地球化学来论述沉积岩和火山岩的成因，即要重视岩石构造组合以及各个构造组合之间的内在联系和因果关系。

（3）岩石学、矿物学及同位素地质年代学、地球化学研究

对所分析的碎屑岩和火山岩开展岩石学和矿物学观察，确定岩石的矿物学、矿相学特征，利用同位素定年可以分别确定沉积岩和火山岩的沉积和成岩年龄，通过地球化学和元素示踪可以为沉积岩的形成环境（沉积地球化学稀土元素特征）和火山岩的岩浆源区提供岩石学方面的约束。

（4）综合研究

综合分析已取得的地质数据，结合前人研究成果，探讨灵山岛及邻区早白垩世时的地质构造演化，并对早白垩世时苏鲁造山带的大地构造演化和华北克拉通破坏浅表的构造特征提供精确约束。

第2章 区域地质概况

2.1 苏鲁造山带区域地质概况

大别-苏鲁造山带是华南板块和华北板块在三叠纪时陆陆碰撞的产物，是目前世界上出露规模最大的高压-超高压变质带（Xu et al.，1992；Liou et al.，1996，2000；Ye et al.，2000；Zheng et al.，2003；Zhou et al.，2008；Leech and Webb，2013；Liu et al.，2017；Zhao et al.，2017）。由于郯庐断裂带的左行走滑，大别-苏鲁造山带被分割为两部分，即西侧的大别造山带和东延的苏鲁造山带（Yin and Nie，1993；Zhu et al.，2005；朱光等，2005；周建波等，2016；Liu et al.，2017；Meng et al.，2020）。前人对苏鲁造山带的研究主要集中于超高压岩石和后碰撞火成岩的年代学、矿物学、岩石学和地球化学研究，而对苏鲁造山带中零星分布的白垩系碎屑岩的研究程度相对较低，笼统地将其归为下白垩统莱阳群或青山群（山东省地质矿产局，1991；宋明春和王沛成，2003；吕洪波等，2011，2012；李守军等，2017）。

苏鲁造山带是秦岭-大别造山带的东延部分，宽约180 km，长约750 km，在大地构造位置上，西侧以左行走滑的郯庐断裂带（TLF）为界，北侧以五莲-青岛-烟台断裂（WQYF）为界，南侧边界为嘉山-响水断裂（JXF），整体呈北北东—南南西向展布（Xu et al.，2006；Zheng et al.，2003；朱光等，2005；Zhou et al.，2008；Xu et al.，2016；Liu et al.，2017）（图2.1a）。苏鲁造山带又称苏鲁超高压变质带，主要由北部的超高压变质带（UHP）和南部的高压变质带（HP）组成（Liu et al.，2004；Xu et al.，2006；许志琴等，2006；Zheng，2012）。高压和超高压变质带主要以角闪岩相退变质作用为主，它们之间以沭阳-锦屏缝合带为界（SJSZ）（Liu et al.，2017）。苏鲁造山带出露岩性主要以花岗质片麻岩和中生代火成岩为主，其次分布有少量的榴辉岩、大理岩、斜长角闪岩、超镁铁岩和古—中元古代变沉积岩，它们多以透镜体或者包裹体的形式分布在花岗质片麻岩中（Xu et al.，2006；Zheng et al.，2003，2005；Ernst et al.，2007；Liu et al.，2017）。前人对超高压岩石、片麻岩和中生代火成岩进行了系统的年代学、矿物岩石学和同位素地球化学研究（Zheng et al.，2003，2005，2009；Liu et al.，2004；郭敬辉等，2005；Yang et al.，2005a，2005b；Xu et al.，2006；Zhou et al.，2008；Zhao and Zheng，2009；Liu and Liou，2011；Xu et al.，2016；Zhao et al.，2016，2017；Liu et al.，2017），研究结果表明：三叠纪时的超高压变质与华南板块向华北板块的北向俯冲有关，中生代火成岩的岩浆源区主要以深俯冲华南板块陆壳物质的重熔和再循环为主，其中镁铁质岩石主要来自下伏造山带岩石圈的部分熔融。

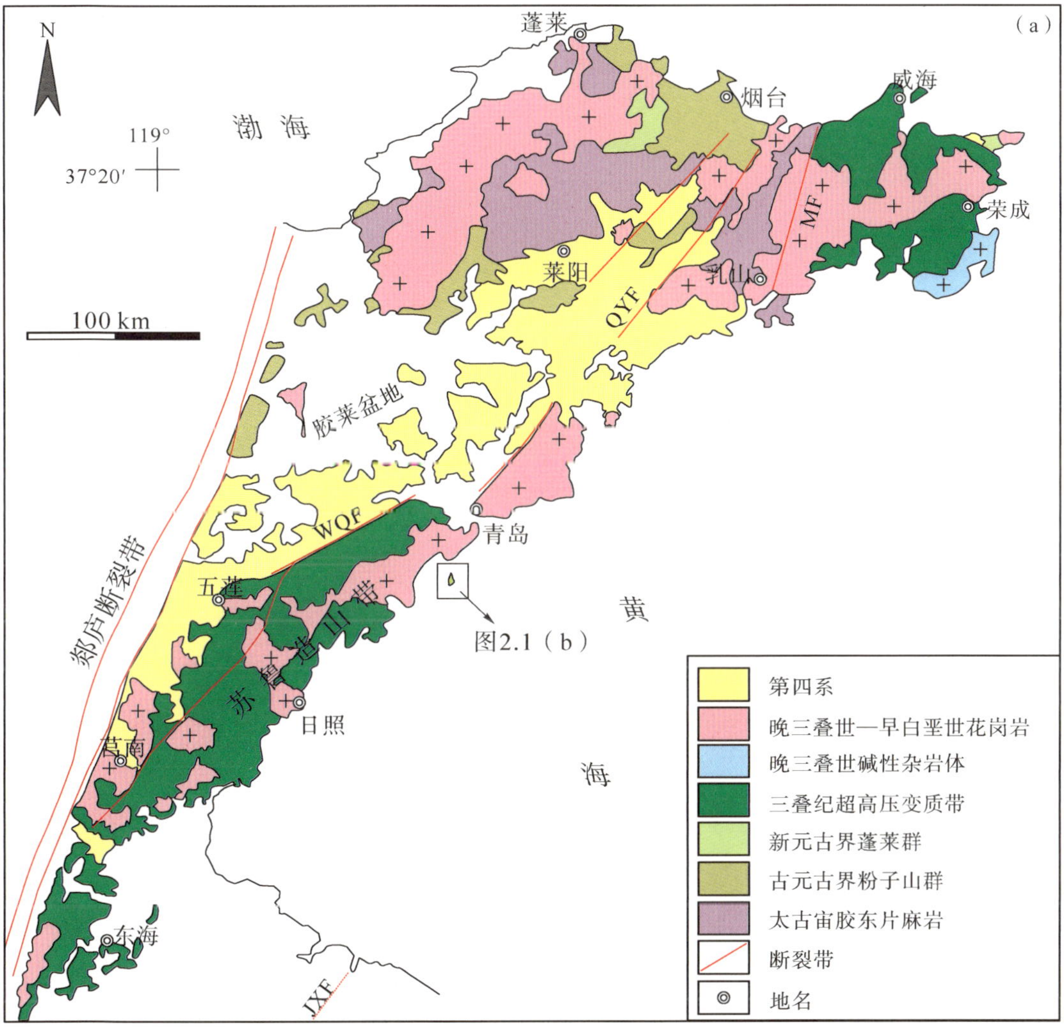

图 2.1　研究区及邻区大地构造格架图

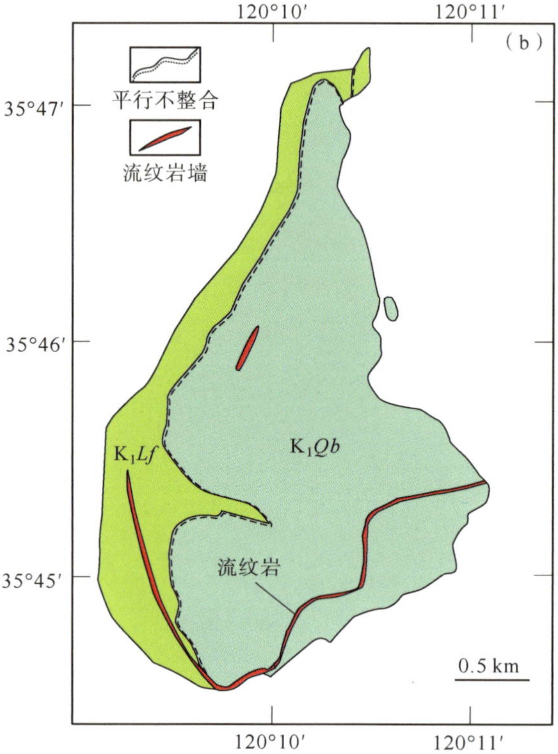

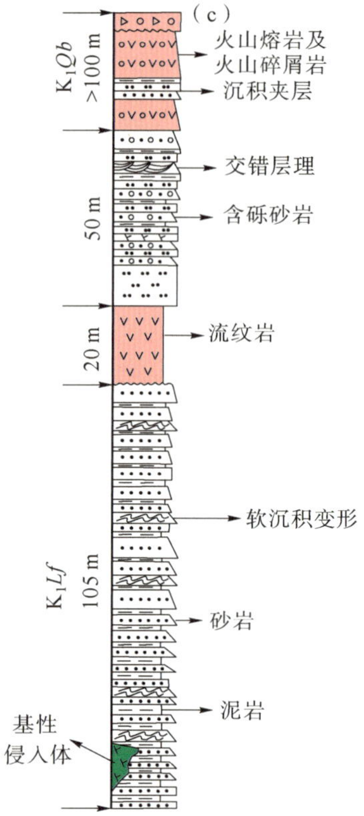

图 2.1　研究区及邻区大地构造格架图（续）

（a）苏鲁造山带中段构造简图；（b）灵山岛地区地质简图（据山东省地质矿产局，1991，有修改）；

（c）灵山岛地区岩性柱状剖面图（据 Wang et al.，2014，2015，有修改）

JXF—嘉山-响水断裂；WQF—五莲-青岛断裂；QYF—青岛-烟台断裂；MF—米山断裂；

K_1Lf—下白垩统莱阳群法家茔组；K_1Qb—下白垩统青山群八亩地组

苏鲁造山带另一个显著的特征就是中生代岩浆活动非常强烈，根据其活动特征，可以划分为 3 个主要阶段：晚三叠世（225～205 Ma）、晚侏罗世（170～140 Ma）和早白垩世（130～110 Ma）（郭敬辉等，2005；Yang et al.，2005a，2005b；Zhao et al.，2017）。晚三叠世的碱性岩分布有限，目前仅分布在苏鲁造山带东端，分布面积较小（Yang et al.，2005a，2005b；Xu et al.，2016）；晚侏罗世花岗岩出露在苏鲁造山带东部，面积较大，主要以花岗岩杂岩体为主，少见同时代的基性侵入体；早白垩世的火成岩在整个山东半岛均有分布，主要以花岗岩类为主，零星可见少量的中—基性侵入岩和火山岩（Yang et al.，2005a，2005b；张娟，2011）。

晚三叠世侵入体位于苏鲁造山带东端荣成附近的石岛地区（又称石岛杂岩体），主要包括槎山、甲子山和邢家岩体（Yang et al.，2005a，2005b；张娟，2011；Xu et al.，2016）。苏鲁造山带晚三叠世碱性岩具有高的碱含量（Na_2O+K_2O），属于富钾系列的侵入岩。年代学研究表明（锆石和$^{40}Ar-^{39}Ar$），晚三叠世侵入体主要形成于 205~225 Ma（郭敬辉等，2005；Yang et al.，2005a；Xu et al.，2016）。很明显，这些晚三叠世侵入体的形成时代刚好和苏鲁造山带超高压岩石的折返时代相一致（Zheng et al.，2004，2009；Zhao et al.，2017；郑永飞，2022）。前人研究认为该时期的岩浆是扬子板块与华北板块碰撞之后同折返岩浆活动的产物。晚三叠世侵入体岩性跨度范围较大，从基性岩到酸性岩都有产出，所有岩石均富集轻稀土（LREE），亏损 Nb、Ta 和 Ti 等高场强元素（HFSE）以及具有 Pb 的正异常（郭敬辉等，2005；张娟，2011；Xu et al.，2016）。这些地球化学特征显示出，晚三叠世侵入体具有壳源岩浆或弧岩浆的地球化学特征。近期，Xu 等（2016）开展了最新的研究工作，认为深俯冲的陆壳由于折返时的释压脱水引起超高压（UHP）岩石的部分熔融，产生长英质熔体。这些长英质熔体与上覆的地幔楔发生反应形成了新的交代地幔，交代地幔的再次部分熔融产生晚三叠世具有弧型地球化学特征的同碰撞火成岩侵入体。

晚侏罗世花岗岩在苏鲁造山带分布较为有限，主要露头见于文登和昆嵛山两个岩体。锆石 U-Pb 测年结果显示，文登和昆嵛山岩体形成的时代为 161~142 Ma（晚侏罗世—早白垩世早期）（郭敬辉等，2005）。锆石 CL 图像显示，晚侏罗世花岗岩体中普遍可见残留锆石，其 U-Pb 年龄多为三叠纪、新元古代和古元古代，并且三叠纪的继承性锆石具有较低的 Th/U 比值，可能和后期的流体活动有关。晚侏罗世花岗岩的岩性较为单一，地球化学特征为亚碱性（sub-alkaline），富集大离子亲石元素（LILE），亏损高场强元素（HFSE），并具有高 Sr/Y 和 $(La/Yb)_N$ 比值，显示出埃达克岩的地球化学特征（Huang et al.，2008）。结合继承性锆石和全岩地球化学同位素特征，目前一般认为侏罗纪花岗岩是俯冲扬子板块陆壳（或华南板块陆壳）碰撞加厚部分熔融的产物（郭敬辉等，2005；Zhao et al.，2009；赵子福等，2013）。

早白垩世岩浆作用在苏鲁造山带中广泛分布，分布面积最为广泛，主要以花岗岩类为主，其次含有少量的基性岩体和火山岩。大量的研究表明，早白垩世岩浆活动的时间主要为 135~110 Ma，该时期与华北克拉通破坏的峰期相一致（Zhu et al.，2012；Xia et al.，2016）。早白垩世花岗岩普遍保存有老的继承性锆石，这些锆石的年龄主要以 700~800 Ma 为主（郭敬辉等，2005；Zhao et al.，2016，2017），具有扬子板块的亲缘性。早白垩世花岗岩具有较大的化学成分变化范围，碱含量较高，富集 LREE 和 LILE，亏损 HFSE，具有弧型岩浆的地球化学特征。此外，部分早白垩世花岗岩体也具有高 Sr/Y 和 $(La/Yb)_N$ 比值，显示出埃达克岩的地球化学亲缘性（杨进辉等，2003；张华锋等，2006；Meng et al.，2020）。另外，早白垩世的后碰撞花岗岩全岩和单矿物（锆石）氧同位素组成变化较大，其中锆石的 $\delta^{18}O$ 值为 4.14‰~6.43‰，绝大多数锆石的 $\delta^{18}O$ 值与正常地幔值相一致（5.3‰±0.3‰）（Zhang and Zheng，2013；

Zhao et al., 2017）。早白垩世花岗岩的地球化学特征和苏鲁造山带的花岗片麻岩具有相似的微量和稀土配分模式曲线以及 Sr-Nd-Hf-O-Pb 同位素特征（Zhao and Zheng, 2009；Zhang and Zheng, 2013；Zhao et al., 2017）。以上的地球化学和同位素特征表明，后碰撞（早白垩世）花岗岩为遭受三叠纪变质作用的新元古代火成岩部分熔融的产物（华南板块陆壳的产物）（Zhao et al., 2017）。与花岗质岩石相比，苏鲁造山带的基性岩分布较少，具有与花岗质岩石相似的微量和稀土配分模式曲线图，以及较低的放射性成因 Pb 同位素组成和低的 ε_{Nd}（t）值。早白垩世的基性岩均具有壳源岩浆或者弧型岩浆的地球化学组成。目前大多数研究表明，苏鲁造山带早白垩世基性岩体为壳-幔相互作用的产物（Huang et al., 2007；张娟，2011）。

2.2 灵山岛地质概况

灵山岛在大地构造上位于苏鲁造山带东缘（图 2.1a），岛上主要出露地层有下白垩统莱阳群法家茔组和下白垩统青山群八亩地组（图 2.1b）（山东省地质矿产局，1991；宋明春和王沛成，2003）。莱阳群法家茔组（K_1Lf）为一套典型的砂泥岩沉积，岩性主要为黄绿色薄层细砂岩、粉砂岩、页岩及泥岩，厚度从几十米到几百米不等（宋明春和王沛成，2003）。青山群八亩地组（K_1Qb）是一套典型的中基性火山岩，在区域上分布最为广泛，地层厚度大，在胶东地区的中生代沉积盆地中都可见到它的踪迹。前人对灵山岛地区开展了详细的地质调查，从下到上厘定了 5 个不同的岩性单元（图 2.1c），分别为镁铁质侵入体（主要为煌斑岩）、中细粒砂泥岩、中厚层流纹岩、含砾粗砂岩及火山碎屑熔岩（Wang et al., 2014, 2016；Meng et al., 2018）。

灵山岛上莱阳群法家茔组为典型的砂泥岩交互式沉积，可见明显的粒序层理（图 2.2a，b）。此外，这套厚层的沉积岩系中发育有大量的软沉积变形（图 2.2c）和滑塌构造，可见典型的重荷模构造、砂岩透镜体（图 2.2d，e）、胀缩构造（图 2.2f）以及小型生长断层（图 2.2g）等。研究区青山群八亩地组平行不整合于法家茔组之上，主体由中性火山熔岩、火山角砾岩以及火山集块岩组成（图 2.2h，i），中间夹有河流相沉积（图 2.2j）。

除了早白垩世沉积岩外，青山群火山岩（包括流纹岩和部分镁铁质脉体）和火山角砾岩是灵山岛上出露范围最大和最广的岩石组合（图 2.3a-i）。经过野外地质调查，灵山岛青山群的火山岩岩性主要以玄武安山岩、安山岩、粗面岩为主（图 2.3a-c）。其次，青山群火山岩发育有明显的气孔杏仁构造，为典型的陆相火山喷发相。火山角砾岩和火山熔岩在灵山岛上相伴生，火山角砾多为棱角状，大小不一，最大的可达

图 2.2　灵山岛碎屑岩及火山熔岩、火山角砾岩野外分布特征

（a）（b）莱阳群法家茔组砂泥岩互层沉积；（c）莱阳群法家茔组软沉积变形；
（d）砂岩的重荷模构造；（e）砂岩透镜体；（f）胀缩构造（藕节状的石香肠构造）；（g）小型生长断层；
（h）八亩地组中性火山熔岩；（i）八亩地组火山集块岩；（j）八亩地组火山岩中的砂泥岩夹层

50 cm 以上，反映了一个近源喷发堆积的过程，暗示了灵山岛有可能为一个典型的火山口机构（图 2.3e-g）。除了灵山岛上青山群中性火山岩和火山角砾岩外，流纹岩墙为岛上最为醒目的地质体，是区分下伏沉积岩和上覆火山岩的明显标志（图 2.3d，e）。流纹岩墙宽 15~20 m，呈近南北走向，总体上呈现为南高北低、南厚北薄的形态特征，大体上具有从南向北流动的趋势（图 2.3a）。野外观测发现，部分流纹岩可见明显的流线构造。除了流纹岩墙之外，灵山岛上还发育有镁铁质的岩脉和煌斑岩脉，这些脉体走向多为北东或者北北东向，宽 20~80 cm 不等（图 2.3h，i）。

图 2.3　灵山岛中-酸性火山岩及镁铁质岩脉野外展布特征

灵山岛上的下白垩统沉积岩中还发育有非常丰富的褶皱，无限构造以及各类不同类型的节理和构造变形（图 2.4），这些地质构造是岩石圈拆沉和板块挤压的浅部响应（李杰等，2015）。李杰等（2015）对灵山岛下白垩统中的地质构造进行详细研究后，

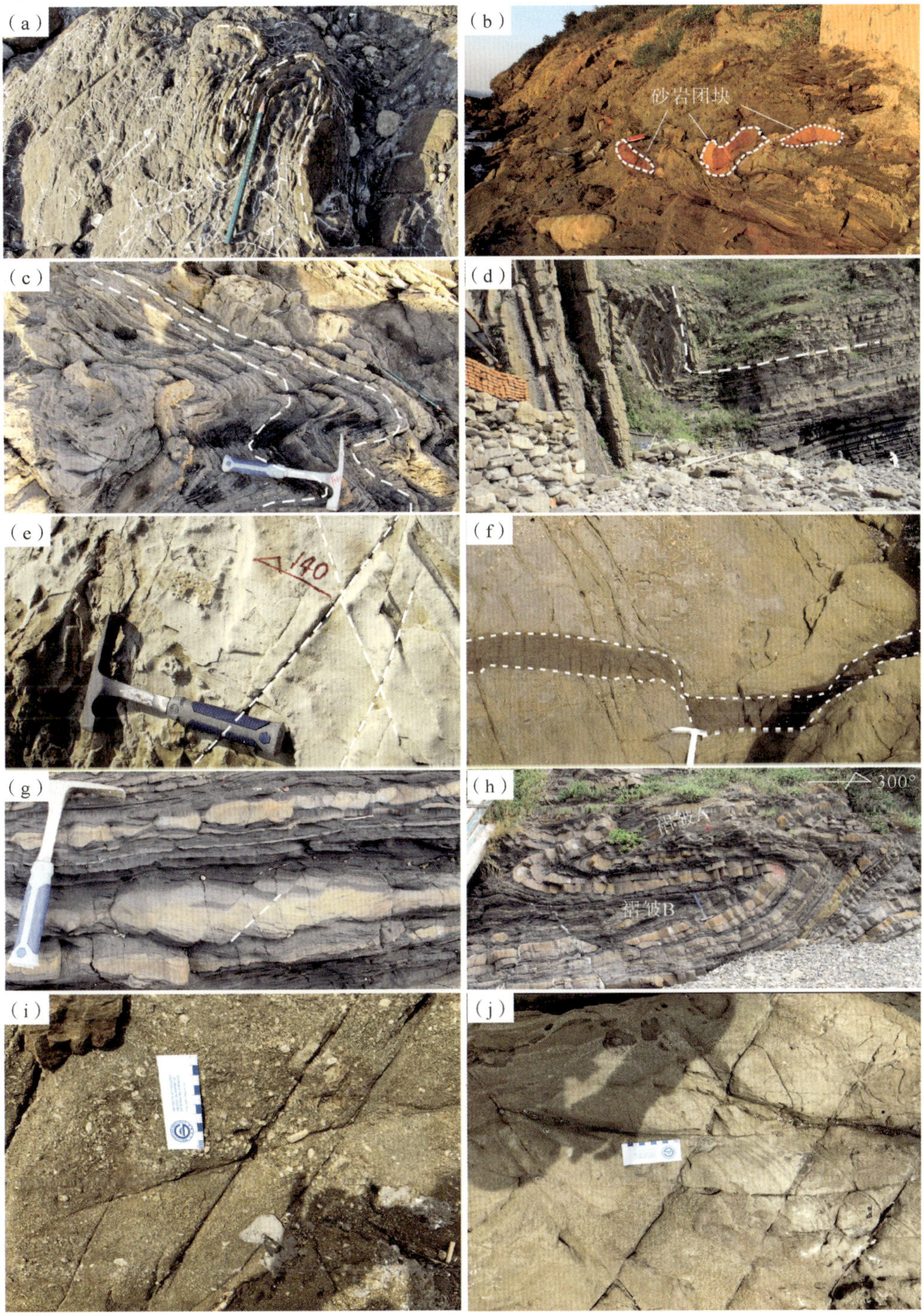

图 2.4　灵山岛野外地质构造现象

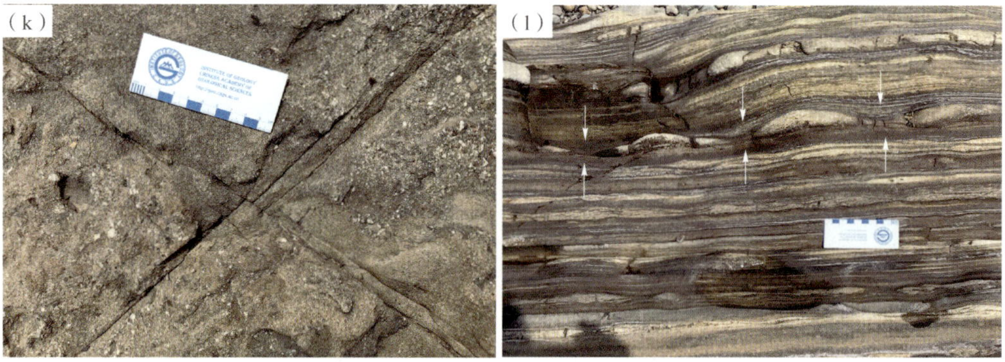

图 2.4　灵山岛野外地质构造现象（续）

(a) 滑塌作用形成的紧闭翻卷褶皱；(b) 滑塌褶皱及其中由于滑塌作用形成的砂岩团块的无根构造；(c) 滑塌褶皱；(d)“千层岩”处形成的非对称中常褶皱；(e) 流纹岩中的 X 型剪节理；(f) 由于后期构造作用形成的张扭性岩墙；(g) 下白垩统中形成的小型共轭脆性断层；(h) 修船厂附近由于滑塌作用形成的大型滑塌复式褶皱（褶皱 A 和 B）；(i)-(k) 下白垩统中含砾粗砂岩中的 X 型节理；(l) 下白垩统砂泥岩中的砂岩石香肠构造，指示了一个垂直层面的挤压（箭头所指的方向）

得出灵山岛早白垩世构造应力场分为 4 期：莱阳期为北西—南东向伸展，莱阳期末为北西—南东向挤压，到了青山期为北西—南东向伸展，早白垩世末期又转为北西—南东向挤压，具有典型的手风琴式伸展-挤压特征；得出 4 期构造应力场的动力学背景分别为受苏鲁造山带增厚地壳或岩石圈的重力垮塌的影响；莱阳期末的挤压与伊泽奈崎板块近北西向的俯冲有关；青山期的伸展与岩石圈的拆沉和减薄有关。最后，李杰等（2015）得出，灵山岛下白垩统中的地质构造形成的应力场挤压伸缩体制的转变是由伊泽奈崎板块北西向俯冲消减和华北克拉通岩石圈拆沉减薄共同作用的结果。

第3章　灵山岛下白垩统碎屑岩软沉积变形分析

软沉积变形是指沉积之后、固结成岩之前由于物理作用（比如差异压实、液化、滑移和滑塌等）而发生变形所形成的一系列沉积构造的总称（乔秀夫和李海兵，2009；杜远生，2011；李勇等，2012；Moretti et al.，2016；Yang et al.，2016；Feng，2017；Alsop et al.，2019）。发生软沉积变形的沉积物内部的颗粒或者胶结物并未受到化学改变，只是原始的沉积颗粒发生了重新排列（Waldron and Gagnon，2011）。软沉积变形也有学者称之为同沉积构造、准同生变形构造或者早期成岩前变形构造等（吕洪波等，2003；Van Loon，2009；李勇等，2012）。前人研究表明，软沉积变形形成一般需要3个基本条件（Owen et al.，2011）：①一个能改变沉积物原始特征的驱动力；②一个促使沉积物变形的机制，使沉积物从固态转变为液态，如沉积物的液化作用等（Allen，1977，1982；李勇等，2012）；③一定的外界触发条件，比如沉积盆地的斜坡（重力势能）、火山地震、海啸等（周瑶琪等，2017）。其中地震引起的软沉积变形得到了更多学者的关注和重视（Mohindra and Bagati，1996；乔秀夫，1996；Molina et al.，1998；周瑶琪等，2017）。自从吕洪波等（2011）对灵山岛下白垩统的构造滑塌进行首次报道后，灵山岛下白垩统砂泥岩的构造变形和发生滑塌的机制得到了更多学者的关注。近期，周瑶琪等（2017）对其进行研究后，认为灵山岛下白垩统的软沉积变形与火山地震作用具有密切的关系。在前人研究的基础上（董晓朋，2014；Yang et al.，2016；梁钊等，2023），本章节对灵山岛下白垩统莱阳群法家茔组的软沉积变形进行了分类，并对其成因进行了详细的描述和讨论。

3.1　灵山岛软沉积变形发育的地质背景

在构造活动期，水下斜坡容易发生滑塌事件，尤其是在沉积速率大的情况下，容易形成浊积岩、低密度重力流、高密度重力流、滑坡等。在沉积物粒度合适的情况下，高沉积速率、斜坡沉积环境、构造活动和大规模运动非常有利于软沉积变形构造的形成。所有这些因素都影响着沉积物的最终特征，反过来，对沉积物的分析又可以揭示沉积条件和沉积环境。因此，软沉积变形的成因和形成机制是目前地球科学学科的热门话题（Van Loon et al.，2012）。

特别是某些特定类型的软沉积变形可以提供所研究的沉积单元在沉积过程中的构造环境信息。迄今为止已知的能提供构造信息的软沉积变形主要见于固结成岩的岩石。在灵山岛的下白垩统沉积岩中，广泛发育有大量的软沉积变形构造，其发育可能与研究区早白垩世的地质环境相关。灵山岛是一个小型的沉积-火山岛，在大地构造上，位于代表着扬子克拉通和华北克拉通边界的苏鲁造山带附近，关于其精确的大地构造、地层和沉积环境曾引起过激烈的科学争论（Wu et al.，2005；吕洪波等，2011；Yang et al.，2016）。如下面章节所讨论的，根据一些特殊的软沉积物变形构造，我们推断灵山岛下白垩统沉积期间，总体上是处于张性环境。但由此产生的变形引起了局部（相当小范围）的挤压，这也表现为特定的软沉积变形构造。另外，灵山岛作为典型的沉积-火山型岛屿，其形成时经历了较为复杂的构造环境，特别是相态的转变：从半深水—深水相到陆相的火山溢流爆发相。另外，在大背景下，灵山岛上的岩石主要形成于早白垩世，此时正是中国东部岩石圈减薄的峰期（125 Ma），其中太平洋板块俯冲是造成华北克拉通破坏的主要动力因素，地壳浅部的地质构造和克拉通破坏的深部过程密切相关。灵山岛上的沉积-火山相便是华北克拉通减薄在地壳浅部的响应。

3.2 沉积学上的特征

如上所述，灵山岛上的沉积岩早期一直被认为是胶莱盆地边缘陆相环境下沉积的产物（山东省地质矿产局，1991）。随后，吕洪波等（2011）根据大型滑塌构造发育的环境以及部分绒枝藻化石，典型的海相沉积。随后，不同的学者根据沉积相、古生物特征，认为灵山岛下白垩统属于典型的河湖相沉积（钟建华，2012；李守军等，2017；孟元库等，2018）。

虽然，关于灵山岛的沉积环境仍然存在异议，是海相、陆相还是半深海或者裂谷海盆的争论仍有待进一步研究（吕洪波等，2011；Yang et al.，2016；李守军等，2017；程燕君等，2022）。然而，对于滑塌和浊积岩的形成却存在共识：它们可能形成于典型的三角洲环境（海相三角洲或者湖泊相三角洲）（吕洪波等，2012；钟建华等，2012）。

下白垩统的大规模滑塌构造仅在灵山岛出露，附近地层单元未发现类似的沉积

（张海春等，2013）。因此，很难从面上确定沉积相的延伸规模，只能在灵山岛上出露的横向距离约 1.6 km 的范围内进行详细调查。陆地上的一些露头，如崂山仰口、田横和丁子湾显示出与灵山岛相同的沉积时代，也发育有类似的滑塌层，只是在规模上远小于灵山岛滑塌层。因此，这充分表明，在五莲-青岛断裂以东的区域，在早白垩世广泛发育断陷湖盆，这些盆地由于之间存在着天然的地理隔绝，导致盆地中的沉积物以及沉积类型不尽相同。

灵山岛下白垩统中的下部沉积物往往具有非常典型的同沉积构造特征，它们表现出突变的下边界和渐变的上边界，部分原因与砂质到泥质的正粒序递变有关。砂岩与泥岩接触部位发育负载、沟脊模、槽模等底部构造（图 3.1a，b）。在灵山岛下白垩统中的重力流沉积的浊积岩中，可见块状层理、棱角状颗粒的正常递变层理（图 3.1c，d）、爬升波纹（波纹叠升交错层理）和水平层理很常见。可见完整的鲍马层序（Ta-Te）（图 3.2），下部为块状层理（快速堆积），中部为水平纹层和交错层理，上部为由外源向原生泥质沉积逐渐过渡。砂质浊积岩分选性差，石英颗粒呈棱角状至次棱角状，属于典型的杂基支撑（图 3.1c，d）。

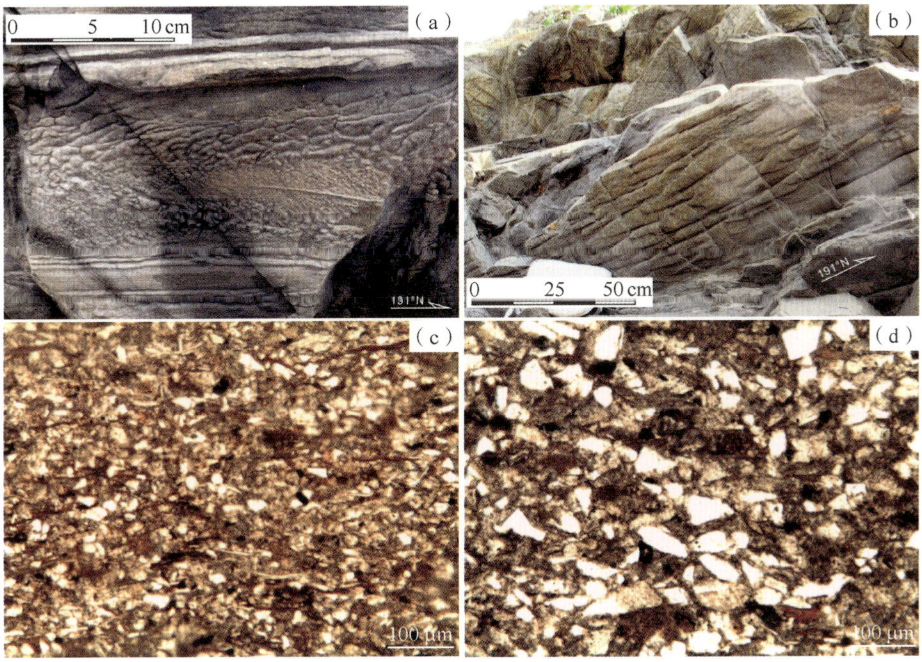

图 3.1　灵山岛下白垩统中浊积岩的分布特征与显微结构

（a）灵山岛下白垩统中浊积岩中的重荷模、底痕构造；（b）槽模构造；（c）浊积岩中的细粒泥质沉积-典型的块状层理，矿物颗粒为典型的棱角状结构，暗示了一个近源堆积的过程；（d）浊流沉积中的砂岩显微照片，分选差（棱角-次棱角状的石英颗粒），杂基支撑

图 3.2　灵山岛下白垩统中的深湖相浊积岩鲍马序列（Ta-Te）（51 cm 厚）

在底部发育明显的重荷模构造和火焰状构造，从底部到顶部显示出块状构造、

正常的粒序层理、平行层理、交错层理和水平层理

泥岩碎屑（图 3.3）在一些厚层砂岩中很常见，它们来自砂质碎屑流沉积，或与浊流从斜坡上的侵蚀有关。含有泥岩碎屑的砂岩通常被正粒序的粉砂岩和泥质粉砂岩覆盖，意味着碎屑流和浊流交替出现，表明可能沉积于典型的斜坡环境（比如断陷湖盆的斜坡），并在斜坡上发生碎屑物的堆积，在此期间沉积过程偶尔会被外界的诱发因素所中断（可能是与区域构造有关的地震），引发大规模的破坏。另外，地震作用，比

图 3.3　砂岩中悬浮的泥质碎屑岩（典型的砂质碎屑流沉积）

如火山地震、构造地震等对断陷湖盆斜坡或者半深海—深海斜坡上的沉积物具有显著的破坏作用，地震会形成各种不同类型的软沉积变形以及大规模的滑塌构造，显然也会影响原地沉积的富水浊积岩。如果地震波的震级较小（<5 级），则地震波不足以将浊积岩转变为震积岩（Galli，2000；Rodríguez-Pascua et al.，2000），但会导致软沉积变形变得更为复杂和凌乱，比如出现各种类型的砂岩透镜体。另外，值得注意的是，构造作用也会使得浊积岩中的沉积物发生软沉积变形。

3.3 同沉积滑塌褶皱发育的构造背景

滑塌构造是指由于外力触发，沉积物在自身重力的作用下发生位移所产生的各种同生变形构造，属于同沉积变形的一种，是识别水下滑坡和外营力的良好标志（姜在兴，2003；吕洪波等，2011）。同沉积滑塌褶皱规模大小不等，大型滑塌褶皱可达数十米，最小的只有厘米级至毫米级（图 3.4a–d）。同沉积滑塌褶皱最为明显的特征就是滑塌层上覆和下伏地层均未发生明显变形，变形仅仅局限于某一层位（图 3.4c）。灵山岛地区的同沉积滑塌褶皱，多以不对称的褶皱或者倒转褶皱和平卧褶皱为主（图 3.4b，c）。根据滑塌褶皱的方向可以粗略判断滑塌方向。根据前人研究结果，灵山岛滑塌方向主要有两个，分别为南东向—北西向和南西向—北东向。

图 3.4 灵山岛地区下白垩统沉积滑塌褶皱

(a) 大型平卧滑塌褶皱；(b) 倒转斜卧褶皱；(c) 倒转紧闭褶皱；(d) 倒转褶皱转折端纹层沉积，每一层厚度仅有毫米级

关于滑塌构造的成因前人也进行了较多的研究（Clennell，1991；Festa et al.，2014；Ogata et al.，2014；崔明明等，2023）。相关研究已经证明，轻微的扰动也可能

会引发富水沉积物的滑动，即使较为平缓的坡度，也会形成大规模的滑塌构造（Van Loon et al.，2012）。已有研究已经证明斜坡的斜率小于1°（García-Tortosa et al.，2011），甚至小于0.25°（Field et al.，1982），也会导致低角度下沉积物发生蠕动或者运动，导致滑塌褶皱构造变形的形成（Owen，1996）。

通常大规模的滑动和滑坡一般发生在沉积斜坡上，在这种情况下，其中三角洲前缘的远端是滑坡构造发育的重要部位（Elliott，2005；Shanmugam，2009）。当斜坡的倾斜度不足以使沉积体进一步向下移动时，滑塌构造也就停止发育了，这通常意味着底部区域实际上已经是水平。另外，我们需要考虑在大量搬运的沉积物的前段下方总是存在滑水效应，从而会导致剪切应力和摩擦力变小。

总之，引起湖盆/海盆中沉积物发生滑塌通常不仅和当时的地貌地形有关（比如斜坡），而且外界的触发因素比如地震活动、潮汐、快速沉积等也起到了至关重要的作用（Alsop and Marco，2013）。因而，在研究滑塌构造形成的背景时，要充分考虑古地貌地形、水深以及外界可触发的因素。另外，根据灵山岛以及国内其他软沉积变形和滑塌构造发育的情况，我们认为未固结的沉积物再活化、再改造、生物作用（生物扰动）、液化等现象的存在也是造成软沉积变形和滑塌构造发育的关键。在区域上，滑塌构造的发育也和区域应力场的背景相符合，特别是区域上沉积不整合的出现是对后期构造成因变形最为有力的说明。

3.4 准同生断层及同沉积布丁构造

准同生断层，也称之为同沉积断层或者生长断层，主要发育于盆地的边缘，是盆地在不断沉降的过程中形成的一类特殊断层。与后构造作用形成的断层明显不同，准同生断层的形成和产生往往和重力滑动及差异压实有关。

布丁构造，又称为石香肠构造，通常断裂发生于岩石成岩之后，属于典型的脆性变形。布丁构造是不同力学性质互层的岩系，受到近似垂直岩层的挤压或者平行于岩层的拉伸（区域性伸展）时，能干性较强硬岩层容易被拉断形成典型的香肠状构造。

然而在灵山岛，水饱和的未固结沉积物的断裂作用（包括布丁构造）也很明显。众所周知，断层并不局限于固结成岩或强固结的沉积物，甚至可以发生在水饱和的松散沉积物中（Van Loon and Wiggers，1975，1976）。在这种情况下，如果沉积岩层突然失稳，例如过载荷（如风暴波、沉积覆盖层）或冲击作用（如地震、火山爆发）就会形成准同生断层。这种准同生断层确实在灵山岛下白垩统中广泛存在和发育。另外，灵山岛下白垩统中发育的布丁构造为典型的同沉积布丁构造，不同于以往的成岩后由于区域应力作用形成的后生构造，这种同生构造表明下白垩统沉积岩在沉积时遭受到了区域性的应力作用，这种应力很好地记录在布丁构造中。下面，我们将对准同生断层和同沉积布丁构造进行详细的论述。

3.4.1 准同生断层及布丁构造描述

准同生断层大部分发生在一组浊积岩中（Ta 到 Te 段），有时在单个浊积岩中也时常发育。在浊积岩中，正断层的特征表现为由下向上粒度减小，相对粗的下部断面发育更清晰，向上位移减小，这是由于断面的弯曲，上部更加水平，主要归因于递变层在垂直方向上逐渐变化。

同沉积和准同生断层也经常出现在滑塌褶皱中。滑塌岩体内部和周围的应力场通常较为凌乱，这反映在滑塌岩体中复杂的小尺度断层体系上。在这种情况下，存在大规模的滑坡，这些滑坡由浊积岩构成，其厚度可达几米。虽然在这样的滑坡体的头部，挤压环境往往占主导地位，但在滑坡体的后方，拉张环境可能占主导地位。因此，这表明并非所有的挤压或拉张特征都是由内生沉积构造所引起的。最后，在浊积岩剖面的几个地方可以发现一种特殊类型的断层，在某些方面与 Seilacher（1969）所描述的"粒序断层"中的相似。由于它们的特殊性质及其成因上的意义，我们将在下面章节进行详细论述。

研究区内软沉积变形中可见微型和小型的同沉积断层。它们主要由厘米尺度的砂岩层组成。这些准同生断层几乎全为正断层（图 3.5a，b），有的构成了小型的地堑-地垒构造（图 3.5a），共同指示了一个伸展的构造背景。此外，研究区还发育少量的逆冲型同沉积断层（图 3.5c），它们也均形成于伸展环境，本质上并不代表一个挤压性的沉积环境，属于局部构造应力作用的结果。少量的逆冲型断裂的形成可能和沉积物沉积时没有充分的压实固结有关。由于沉积物在未成岩前，遭受到了局部的一个压应力场，很容易沿着岩性薄弱（砂泥岩接触界面）面发生逆冲，导致逆断层的形成。野外地质调查发现，这些低角度的逆冲断层分布非常有限，仅在局部区域可见。除了准同生沉积断层外，砂岩的布丁构造也是研究区常见的软沉积构造之一（图 3.5d，e，g，h，i）。通常布丁构造发育于成岩之后，由于岩石能干性的差异，在区域应力作用下（一般为 σ_1 的方向），能干性较强的岩石发生曲颈化变形，形成类似于香肠的一种特殊构造。灵山岛下白垩统中石香肠构造为典型的天然沉积变形，主要是由于砂岩和泥岩互层沉积后，遭受到了强烈的外力作用（比如火山地震作用和区域性的拉伸等），导致相对刚性的砂岩层被拉断，形成典型的同沉积布丁构造（图 3.5d）。此外，部分同沉积布丁构造在后期遭受到了成岩作用和液化作用，导致形成布丁构造的砂岩团块两侧相对圆滑，端部呈鱼嘴状（与差异液化的剪切改造有关）（图 3.5e）。在滑塌褶皱的转折端也可见被拉断的布丁状砂岩体(图 3.5f)。另外，具有叠瓦状排列的布丁构造的浊积岩段还包含具有串珠状构造的软沉积层位。这些特征显示砂岩层通过狭窄的颈互相连接（图 3.5g）。变形过程能很好地解释串珠状构造，即被细粒的泥页岩包围的孤立的砂岩体，从而形成特征性的布丁构造（图 3.5h，i），通常砂岩布丁的大小在 10~

20 cm 之间。如果构造剪切进一步加剧，可导致原先形成的布丁砂岩块发生旋转，形成被泥岩包围的孤立砂岩体（图 3. 5j）。

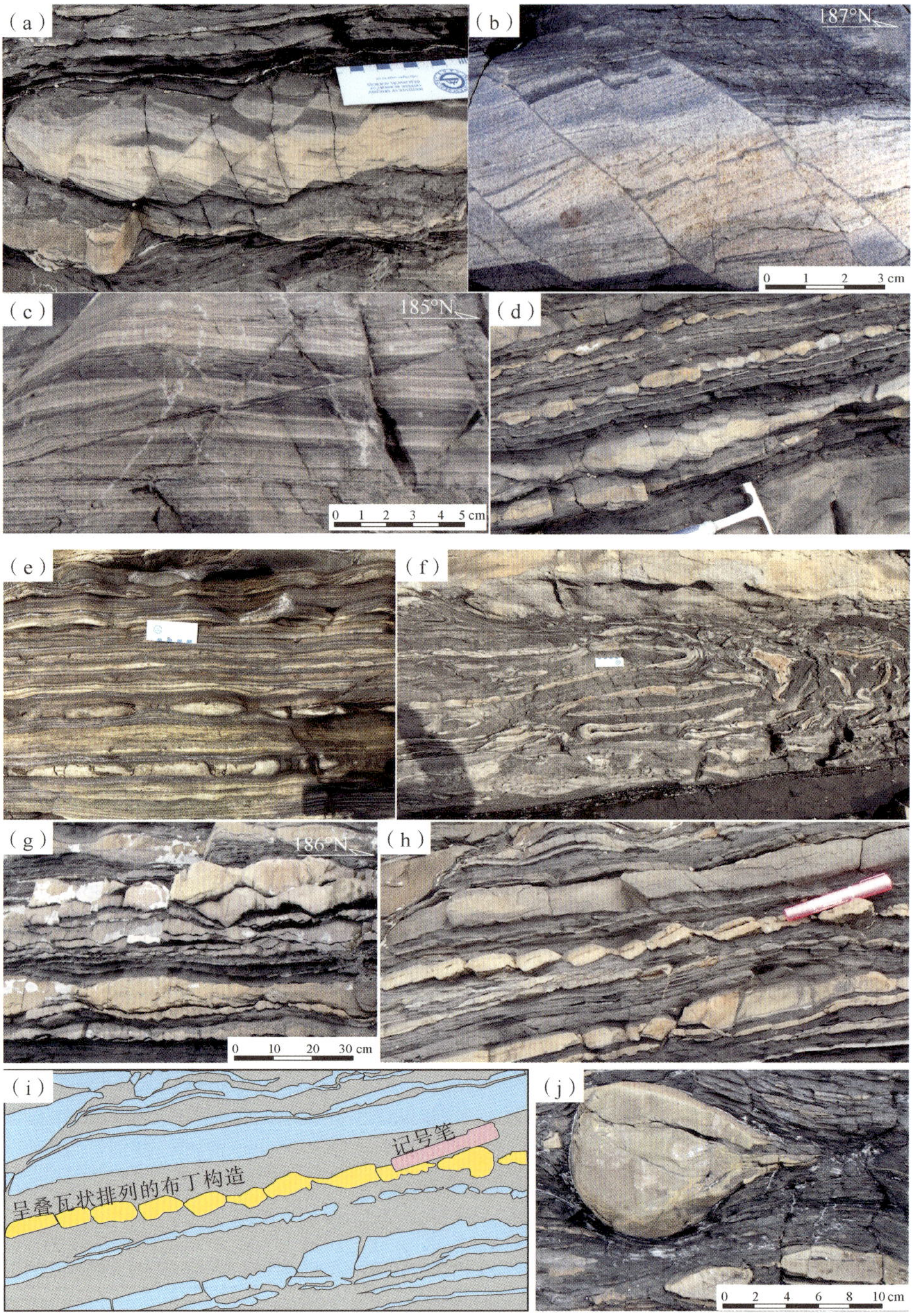

图 3. 5　灵山岛下白垩统砂泥岩中同沉积断层和布丁构造

(a) 发育的准同生正断层组合——地堑构造；(b) 准同生的正断层；(c) 同沉积逆冲断层；(d)(e) 同沉积布丁构造；(f) 滑塌褶皱构造，多为轴面近水平的平卧褶皱，部分褶皱转折端被拉断，形成典型的砂岩透镜体，呈断续型的布丁构造；(g) 同沉积布丁构造和胀缩构造；(h)(i) 呈叠瓦状排列的同沉积布丁构造及其素描图；(j) 砂岩透镜体——布丁构造进一步发育形成的产物同沉积布丁构造是识别震积岩的主要标志之一（Dugué，1995；吕洪波等，2006；Fossen et al.，2013），反映了沉积地层在成岩的过程中地震活动较为频繁，使得能干性有较大差异的岩层在引张力的作用下发生破裂，并且由于存在重力差异，不连续的砂岩层或者砂岩团块可以继续下沉到粒度较细的泥岩层中呈悬浮状，构成了典型的无根构造。这些地质现象在研究区均有发现。图 3.5f 显示，薄的砂岩层发生了强烈的变形，并且砂岩层并不连续，很多呈现出典型的无根构造。它们的形成过程一般为先遭受滑脱变形，然后由于能干性差异，在引张力或者压力作用下继续发生变形直到连续的岩层遭受破裂为止。

3.4.2 准同生断层成因解析

灵山岛下白垩统滑塌浊积岩中几乎全部都是正断层体系，表明以伸展为主的张性构造占据主体地位（Yang et al.，2016）。通常，导致未固结的沉积物伸展产生断裂的拉张环境可能只是局部的，比如邻近的莱西地区发生的沉积物滑塌形成的拉张型构造体系，该构造体系表明了构造体制由挤压为主到以伸展为主的转变（王晶晶等，2022）。但是，在灵山岛地区，这些伸展型构造的形成似乎更可能是更大尺度条件造成的拉张，属于典型的区域性构造，比如区域上的断裂裂谷作用，这与早白垩世苏鲁地区的地质背景是相一致的。

与正断层相比，灵山岛下白垩统中相对少见的逆断层形成于沉积物未固结成岩的时期，可能与局部作用形成的挤压应力场有关，这反映在沉积序列的滑塌中存在着复杂的断层体系。然而，不能完全排除，有些逆冲断层并不是局部应力作用的结果，然而它们也许可以在更为广泛的区域中产生。通常逆冲断层体系和挤压性的构造体系密切相关。考虑到同时期软沉积变形形成的断层大部分为正断层，这可能表明断陷或者裂谷作用并非完全在空间上呈有规律的伸展，而可能和一些不规则的断块运动造成的局部挤压变形有关，比如断陷盆地中的断块不规律的旋转造成的局部挤压。例如，在灵山岛，如果这种伸展构造伴随着一些地块的轻微旋转，可以想象局部的挤压可能会形成类似于逆冲型的构造体系。这对解决目前灵山岛下白垩统浊积岩中的滑塌构造是形成于拉伸环境还是挤压环境具有重要的科学意义。

3.4.3 布丁构造成因解析

文献中，对布丁构造的描述几乎完全来自已经固结成岩的沉积地质体中（Lloyd et

al., 1982; He et al., 2015; Peters et al., 2015)。未固结成岩的沉积物中的布丁构造很少被描述或者报道，而且通常缺乏具体的分析和成因解释（Burg and Harris, 1982; Ogiwara and Ito, 2011; Ghosh et al., 2012)。软沉积物中发育的断层通常被认为是由重力引起的滑坡及其由此产生的张力共同造成的，因而由此产生的布丁构造在伸展滑塌体中较为常见（Altermann, 1986; Yang et al., 2016)。另外，一个很好的例子就是在以色列地区晚更新世钙质胶结的Lisan组中，部分滑塌体/块中的多米诺或者叠瓦状布丁构造不是来自仍未固结成岩的硅质碎屑沉积，并且滑塌体中的布丁断块仍然处于石香肠化的过程中（Alsop and Marco, 2011)。

Goscombe等（2004)、Dabrowski和Grasemann (2014）认为，在已经固结的岩石中形成叠瓦状的布丁构造通常形成于伸展构造域。然而，如上所述，相关实验已经证实布丁构造也可以在松散未固结的沉积物中形成（Zulauf et al., 2011; Marques et al., 2012)。所有的研究都表明拉张环境是布丁构造形成的主要原因，因此我们有充分的理由得出研究区是处于一个近似相同的构造环境，而非不同的构造环境（比如整体拉张局部挤压或者构造叠加)。

考虑到并不是所有适合的沉积岩层中都能形成布丁构造，但是发育有布丁构造的岩层通常也显示出其他类型岩层所具有的软沉积变形，如箕状构造。因此，我们推断，相关的张力对部分显示出脆性特征的地层产生了影响。这表明受影响的岩层在上覆岩层重力的作用下已经被压实，或者早期成岩的胶结物已从孔隙水中被析出。

之前涉及的一个主要问题是，为什么拉张显然不是一个连续的特征。这可以用研究区位于张裂的断陷湖盆的地质背景来解释。众所周知，地震活动可能产生布丁构造(Dugué, 1995; Fossen et al., 2013)，并且地震发生的频率可能相对较高。因此，在剖面中的布丁构造很可能是断陷张裂作用造成短阶段拉张的结果，此时灵山岛地区处于一个断陷的湖盆环境，并伴随有地震活动。

3.5 泥岩碎片和砂岩团块构造

团块构造是软沉积变形中常见的现象，特别是地震成因引起的沉积建造。在研究区下白垩统中的团块构造可以分为两类：一类为外来的已经成岩的块体；另一类为软沉积变形过程中形成的砂岩型团块构造。在灵山岛老虎嘴处可见2 m大小的砾岩团块构造（图3.6a)，该砾岩为复式砾岩，主要由大小不等的小型砾石组成，砾石成分主要为花岗片麻岩、大理岩等。前人研究表明，花岗片麻岩和大理岩均为苏鲁造山带的基底产物。因此，研究区的大型复式砾石很可能来自苏鲁造山带，由于地震作用，使得苏鲁造山带中的基底物质沿着断陷湖盆的斜坡滑入刚沉积不久的砂泥岩中，形成了典型的砂包砾的特殊现象。这类团块构造是指示滑坡或者古地震的良好标志。

研究区最具代表性的为砂岩团块。大部分砂岩团块均呈现出无根构造，孤立地“悬浮”在细粒的泥岩中，形态各异。有些砂岩团块呈圆形、椭圆形（图 3.6b），有些呈箱状或者不规则的布丁状（图 3.6c），它们是布丁构造进一步发展的结果。强硬的砂岩层在形成布丁后，遭受到进一步的张裂和剪切并发生旋转，会形成不同形态的砂岩块体。砂质含量较高并且固结度高的团块（刚性强）通常形成的砂岩块体棱角较为分明，而砂质含量较少、固结度较低，并且由遭受到强烈的旋转剪切作用形成的砂岩团块多为圆形或者椭圆形（图 3.6d）。

除了砂岩团块构造外，泥岩多呈砾状或者条带状构造。这些泥砾多为深灰色—灰黑色，以细砂岩到粉砂岩或者泥岩为主（图 3.6e-g）。泥砾多为棱角状或者撕裂状，规模多在厘米级以上（图 3.6e，f）。由于后期强烈的差异性风化作用，部分泥砾或者碎片首先遭受侵蚀（抗风化能力弱），导致含有泥砾的砂岩看上去千疮百孔，也称之为“烂砂岩”（图 3.6g，h）（钟建华等，2016）。泥岩碎片或者条带结构多是水动力条件较强时形成的产物（高能产物）。形成过程通常为砂泥岩沉积层刚沉积不久，由于遭受到强烈的风暴潮导致刚沉积的沉积层被打碎，由于泥岩密度偏小而浮在砂岩层上面，形成了典型的砂包泥现象。这些都是同沉积过程中形成的产物，代表了一个相对动荡的高能沉积环境。

3.6 沟槽模和重荷模构造

1948 年，Shrock 最早将发育在砂岩底面的圆顶或者尖顶的笔直的脊定义为沟模（groove cast），高出沉积层面约几毫米，长和宽可达数十厘米甚至数米（Pettijohn，1987；姜在兴，2003；董晓朋，2014）。沟模一般很少单独发育，多成组出现，根据相互切割关系可以判定先后顺序，并且根据发育程度往往和椎模（prod cast）、跳模（skip mark）、刷模（brush cast）和突型脊（bounce mark）共生（Pettijohn，1987；姜在兴，2003）。研究区的沟模共有两种，相互交叉，宽度小于 1 cm，高度小于 5 cm，整体上延伸较为稳定，有尖顶和圆顶两种凸起形态（图 3.7a）。研究区的沟模右端较为圆滑，左端逐渐收敛直至尖灭，因此其运动方向为由右向左。

图 3.6　灵山岛下白垩统中砂岩团块和泥岩碎片及岩屑

（图（f）据董晓朋，2014）

（a）外来的砾岩团块；（b）-（d）不同类型的同沉积砂岩团块；

（e）-（g）砂岩中不同类型的泥砾碎片和泥屑；（h）由于差异性风化作用导致的烂砂岩，呈筛状结构槽模（flute cast）是指一些规则而不连续的铲状或者舌形状的底痕，其形状多样，可见椭圆形、锥形和三角形等，主要发育在粉砂岩或者砂岩底面（姜在兴，2003；Boggs，2006）。槽模是很好的古流水指示标志，上游端呈浑圆状或者鸟嘴状，而下游端逐渐变平没入底面。发育环境较为复杂，陆相和海相均可发育。灵山岛修船厂处的槽模发育在砂岩底面（图 3.7b），主要为舌状，大小较为一致，长 20～30 cm，宽 2～5 cm，高度一般小于 1 cm。修船厂处槽模形态呈现扁平状，说明在形成后，未固结成岩前受到了上覆岩层重力压实作用，形态被改造（图 3.7b）。

当砂质沉积物覆于泥质或粉砂质沉积物之上，饱含水分的泥质、粉砂质发生液化时，上覆砂质沉积物就会陷入液化的泥质、粉砂质沉积物中，在上覆砂质层底界面上形成了瘤状的突起物——重荷模（load cast）。重荷模是典型的同期变形构造之一，亦称负荷构造或荷重模。它是一种形成于泥质岩层之上，砂质岩层底面上的印模。当泥质沉积物尚未凝固，处于可塑状态时，由于不均匀的负荷作用，上覆的砂质物陷入泥质沉积物中，在上覆岩层底面上产生突起的重荷模，突起部由粗粒砂或细砾石组成（姜在兴，2003；朱筱敏，2008）。灵山岛重荷模构造主要发育在码头北部（图 3.7c），在砂岩底部可见典型的重荷模构造。重荷模形态不规则，以丘状、锥状和蠕虫状为主，是准同生沉积时砂岩陷入底部泥岩中形成的构造（图 3.7d）。

图 3.7　灵山岛下白垩统中砂岩的沟模（a）、槽模（b）和重荷模（c，d）野外分布图

（图（a）据董晓朋，2014）

3.7 泄水构造及其伴生构造

当沉积物液化，或者更具体地说，流体化时，会形成大量的软沉积变形，这种过程通常可以在多种情况下发生。为了证明灵山岛下白垩统下部海相部分的沉积条件也适合液化和流化，我们描述并简要分析了最常见类型的软沉积变形的来源，其中流化是必需的，比如泄水构造等。整体上，大量的泄水构造规模相对较小，最大的约有 20 cm 高。从许多描述中可以看出，它们的形状各不相同，即从似脉状（Etienne et al.，2012）或漏斗状（Chen et al.，2009）到“经典”的火焰状（McCabe et al.，1994）（图 3. 8a）。类似的构造在灵山岛下白垩统中的沉积岩中也有所发现。

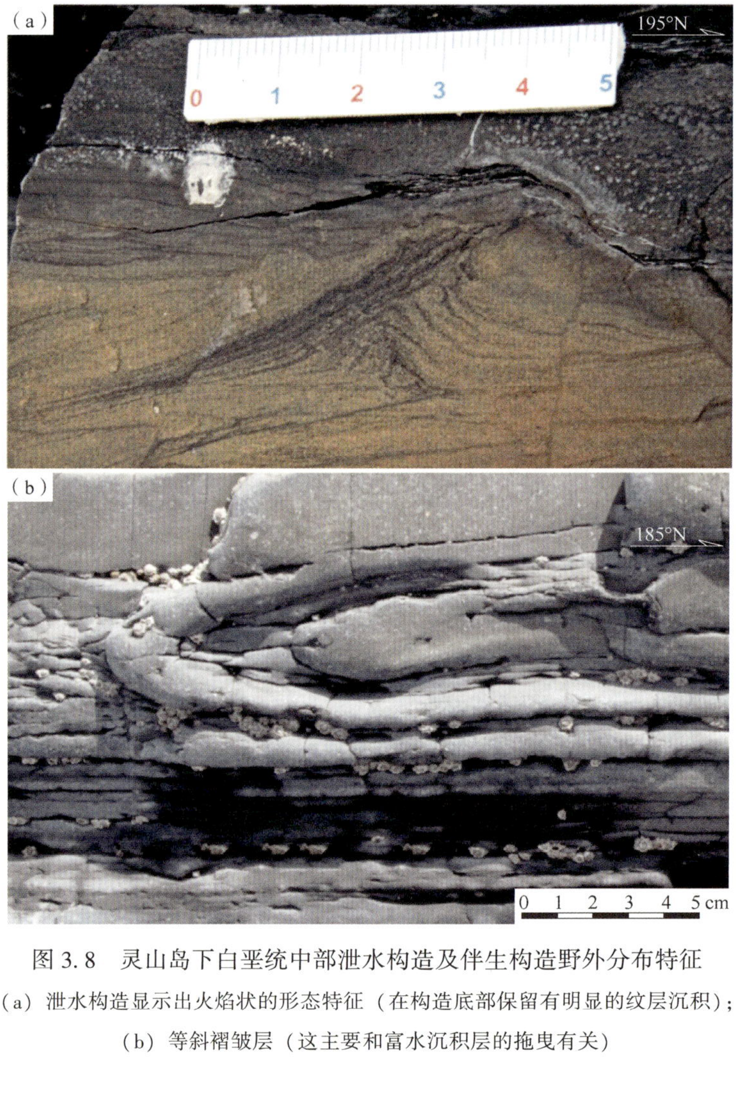

图 3. 8　灵山岛下白垩统中部泄水构造及伴生构造野外分布特征

(a) 泄水构造显示出火焰状的形态特征（在构造底部保留有明显的纹层沉积）;

(b) 等斜褶皱层（这主要和富水沉积层的拖曳有关）

泄水构造的起源很早以前就已经明晰（Lowe，1975；Allen，1982）。当沉积物的孔隙水压力在沉积覆盖层重力的影响下超过一个阈值时，就会形成泄水构造。由于沉积缓慢，导致孔隙水通过上覆沉积物缓慢积聚，而不会以突然“爆发”的方式逐渐逸出，因此流体逸出结构通常反映快速沉积或浊积岩沉积等突发沉积事件，这正和灵山岛下白垩统沉积岩发生的情况相类似。

一些等斜褶皱层（图 3.8b）也表明，沉积物的水饱和特性允许泄水构造和伴生构造的发育，这些主要归因于层间的拖曳（Yang et al.，2016）。

3.8 不同类型的软沉积物变形构造期次划分

根据软沉积变形发生的过程可以分为：滑塌前构造、滑塌中构造和滑塌后构造 3 种类型（董晓朋，2014）。在前人研究的基础上，本书对灵山岛下白垩统沉积物中的滑塌前、滑塌中和滑塌后的构造识别特征归纳如下（表 3.1）。

表 3.1 灵山岛下白垩统碎屑岩变形期次划分

变形阶段	软沉积构造变形类型及识别特征
滑塌前	沟模、槽模、重荷模以及砂岩中包裹的泥岩碎片和团块
滑塌中	同沉积褶皱、布丁构造、X 型共轭逆断层、砂岩团块以及被拉断的砂岩层
滑塌后	小型正断层、地堑-地垒组合等

对于触发的机制，可以概括为，滑塌前的触发动力机制：岩石密度差以及水流或者风暴作用；滑塌中的触发动力机制：火山地震、构造地震、重力作用；滑塌后的触发动力机制：区域应力作用（板块俯冲、陆陆碰撞、岩石圈减薄）。

3.9 软沉积变形的成因分析

软沉积物变形构造（软沉积物变形）在大小（从毫米到数百米尺度）和形状上都有很大的不同。因此，解释它们的成因非常困难，通常涉及几个变形过程，使得软沉积变形的成因分析较为复杂。通常成因解释除了基于所研究的软沉积构造体自身的特征外，还必须基于其形成时的地质环境。

以灵山岛下白垩统沉积为例，地质背景对软沉积变形的形成（包括滑塌褶皱）主要体现在两个方面：①沉积环境，即沉积物沉积于深湖或者半深湖；②沉积物沉积于伸展背景为主的断陷湖盆。前者（深湖/半深湖）排除了浅水环境中常见的许多变形过程，后者为主的断陷湖盆（构造活动）是导致软沉积变形（包括滑塌构造）形成的最可能原因。

灵山岛下白垩统整体沉积环境以半深湖和深湖沉积环境为主，细粒（黏土和粉质）沉积物表明沉积速率较慢，物源供给可能不足，并且经常被滑坡和浊积岩沉积所间断，这些均表明水下斜坡的存在。能够发育以浊积岩为主的厚层沉积，说明湖盆斜坡上的沉积体频繁失稳，在重力的作用下开始向下运动。这一过程的频繁发生很可能归因于构造活动，比如火山爆发引起的局部地震可能会引发大规模的构造运动，是导致灵山岛下白垩统浊积岩发生大规模滑塌的诱发因素。最近，王晶晶等（2022）在莱西王氏群林家庄组中报道的滑塌构造就与火山地震密切相关，是由半固结的沉积物在湖盆的斜坡地带沿着薄弱面发生滑塌，向盆地中心方向滑动而形成的。

3.9.1 地震是软沉积变形的诱发因素

浊积岩和重力流沉积的存在表明斜坡上的表面沉积不稳定。这种不稳定的诱发因素通常和地震有关。考虑到研究区的大地构造背景，灵山岛下白垩统的滑塌构造很可能是由局部频繁的地震所导致的。因此，地震很可能是诱发软沉积变形发生的内在因素。在这种情况下，有一点需要说明，决定地震冲击波是否能液化或流化沉积物，不仅仅与地震的震级本身有关，沉积物的性质和与震中的距离也起着同样重要的作用。Cojan 和 Thiry（1992）、Guiraud 和 Plaziat（1993）、Obermeier 等（1993）等学者提出，地震必须达到 5.5~8 级才能触发三角洲、河湖以及滨浅海中沉积物枕状构造的形成。Audemard 和 De Santis（1991）、Obermeier 等（1993）等学者提出略低的震级（5.0~8.0 级）可以在河流和湖泊的软沉积物中由于冲击作用可以形成典型的砂岩脉体。Kuenen（1958）进行的实验表明，6.5 级地震可以形成负载构造的极端产物——假的沉积团块。20 世纪部分研究者还通过实验和野外观测，已经发现形成大规模的软沉积变形或者滑塌构造最小的地震震级为 5 级（Audemard and De Santis，1991）。Montenat 等（2007）也取得了一致的认识。值得注意的是，Galli（2000）对意大利历史上发生的许多地震进行了系统的研究，发现地震的影响与震中的距离关系，并且发现即使地震震级为 4.2 级，软沉积物中的液化也可以发生在 50 km 以外的地方。

灵山岛下白垩统中也发育有典型的砂岩脉体（图 3.9）。砂岩脉体，又称之为砂岩侵入体是地下未固结的砂质沉积体被弱渗透性的沉积物（比如泥岩等）所包裹和密封，在外界作用下形成的超孔隙超压，产生液化、流化、砂质再活动侵入周围地层中形成的一种特殊的侵入体（Arivoli et al.，2009）。关于砂岩脉体形成机制主要包括地震作用、波浪和潮汐作用、流体活动、岩浆作用和陨石撞击等外部因素以及重力滑动等内部因素均可以形成砂岩侵入脉体。在上述触发因素中，地震触发机制是最为常见和典型的（苏德辰和孙爱萍，2011；易雪斐等，2012；刘作松等，2022）。在夯实的野外调查基础之上，结合区域地质背景，我们认为灵山岛下白垩统中的砂岩侵入体为地震成因机制，其具体形成过程概述为：①首先灵山岛砂岩脉体代表了一个差异液化的结果，即局部地层因差异压实或者地层中包含流体，内部常具流动构造，比如流动褶皱、流动条带等；②地震发生的阶段，由于地震波在地层中不同介质内的传播速度存在差异，地层的异常压力迅速增大并突破上覆盖层产生破裂，形成裂缝，同时导致富水的砂质层发生液化形成一系列的变形构造；③地震发生后，可能伴随有多次的余震，液化的砂质岩层仍然会进行小规模的迁移和改造直到地震完全结束，砂岩侵入体则整体上形态固定。因此，砂岩液化脉体的发现进一步证明了灵山岛下白垩统在沉积时曾经遭受到了强烈的地震作用（>5.0 级）。

图 3.9　灵山岛下白垩统中发育的砂岩侵入体（差异液化与古地震的联合作用）

3.9.2　软沉积变形的构造意义

灵山岛下白垩统中的软沉积变形层位中，发育有一种特别具有指示意义的构造类型（含两种亚型）——布丁构造。布丁构造可以细分为正常的布丁构造，如被拉伸形成的串珠状布丁构造和被拉断的布丁构造两种情况。此外，还出现了一种特殊类型的布丁构造——多米诺式的或者叠瓦式的布丁构造（图3.5h，i）。尽管在软沉积变形中，这种情况很少，但是也逐渐被学者们接受，即布丁构造在未固结的沉积物中也可以产生。对于其成因，前人都把它归结于伸展背景（拉张）下的产物。沉积体中准同生正断层的出现（图3.5a，b）也表明了一个伸展的构造环境，这些正断层往往形成分米（约10 cm）尺度的箕状构造。从受影响层和其下伏、上覆层的软沉积变形可以推断出，这些布丁构造形成时沉积物仍处于未固结的松散状态，通常富含孔隙水，处于不稳定的状态。

相比较准同生正断层，准同生作用形成的逆断层就不那么容易解释了（图3.5c），尽管这种情况在野外很少见，但准同生逆断层的特征表明，它们也是在沉积物还未固结的时候形成的。其中一些可以解释为在地堑构造形成时为解决空间问题而形成的反向断层。其他逆冲构造可能与复杂的构造变形有关，例如在滑坡体的头部发现的部分逆冲构造。然而，尽管有些逆冲断层很难用这种方式来解释，但它们可能是断陷湖盆中间歇性构造挤压作用的结果（在伸展期可能存在间歇性的挤压）。然而，毫无疑问，纵观整个灵山岛下白垩统中的软沉积构造变形，它们形成的整个构造环境是以伸展拉张为主，这种环境也是导致叠瓦式布丁构造形成的关键原因。迄今为止，除了灵山岛及少数地区外，几乎未发现这种构造在尚未固结的沉积物中形成。因此，同沉积的叠瓦式布丁构造对研究软沉积变形形成的机制以及构造背景具有非常重要的科学意义。

3.10 小节

南黄海灵山岛下白垩统中发育的多种不同类型的软沉积变形构造，对确定古地震事件、古地形和地貌以及理解滑塌体系的变形成因、机理和构造背景具有重要的科学意义。地堑构造（或不复杂的反向断层）和布丁构造的普遍存在表明，大多数软沉积变形形成于伸展构造的背景下，其中处于伸展环境的断陷湖盆斜坡是其最佳的成因环境。大型的滑塌变形构造可能是由火山地震引发的（或促进的），并且火山地震在该地区较为频繁。

除了张性的软沉积变形外，还存在各种各样的软沉积变形构造，构造环境可能不是其形成的先决条件；然而，活跃的构造活动会引起部分富水层位形成典型的富压层位，这些富水的高压层位在外界因素的扰动下更有助于液化岩层的形成。因此，与没有构造活动的情况相比，构造活动活跃的地区软沉积变形可能会更频繁或更多样化。

第4章　灵山岛下白垩统沉积岩物源及沉积时限研究

苏鲁造山带东缘的灵山岛上发育有下白垩统碎屑岩，其沉积的精确时代、成因机制和大地构造环境仍然存在着广泛的争议。本章利用 LA-ICP-MS 的方法对灵山岛上的碎屑岩进行了锆石 U-Pb 测年，并对特征性年龄谱中的代表性碎屑锆石进行了 Lu-Hf 同位素分析，旨在探讨其沉积的物质源区，进而为限定早白垩世时苏鲁造山带东缘地区的大地构造背景提供新的地质学约束。

4.1　灵山岛下白垩统碎屑岩研究概述

大别-苏鲁造山带是华南板块和华北板块在三叠纪时陆陆碰撞的产物，是世界上出露规模最大的高压-超高压变质带（Xu et al.，1992；Zhou et al.，2008；Leech and Webb，2013；Liu et al.，2017）。由于郯庐断裂带的左行走滑，大别-苏鲁造山带被分割为两部分，即西侧的大别造山带和东延的苏鲁造山带（Yin and Nie，1993；Zhu et al.，2005；朱光等，2005；周建波等，2016；Liu et al.，2017）。前人对苏鲁造山带的研究主要集中于超高压岩石和后碰撞火成岩的年代学、矿物学、岩石学和地球化学研究，而对苏鲁造山带中零星分布的白垩纪碎屑岩的研究程度相对较低，笼统地将其归为下白垩统莱阳群或青山群（山东省地质矿产局，1991；宋明春和王沛成，2003；吕洪波等，2011；李守军等，2017）。

在苏鲁造山带中，五莲-青岛-烟台断裂（WQYF）以东的中生代沉积岩系通常被认为是胶莱盆地陆相地层在盆地边缘的出露（山东地质矿产局，1991；宋明春和王沛成，2003；李守军等，2017）。此后，对于该套地层的属性以及沉积时代一直沿袭着区调资料（山东地质矿产局，1991；宋明春和王沛成，2003），直到十余年以后，不同的专家学者从新的角度对五莲-青岛-烟台断裂以东的白垩纪沉积岩系的成因提出了新的认识（付永涛和虞子冶，2010；吕洪波等，2011；侯方辉等，2012；钟建华，2012；张海春等，2013；Zhou et al.，2017）。吕洪波等（2011）首次在苏鲁造山带东缘的灵山岛地区识别出半深海—深海浊积岩，认为早白垩世时苏鲁造山带东侧仍然存在古特提斯域的残余洋盆。付永涛和虞子冶（2010）、孙建伟等（2014）对青岛崂山八仙墩碎屑岩开展了野外调查，认为八仙墩碎屑岩发育有典型的鲍马序列，并且结合碎屑岩地球化学特征，强调该套碎屑岩为典型的半深海—深海浊积岩；在形成时代上，付永涛和虞子冶（2010）认为该套碎屑岩形成于奥陶纪的扬子板块被动陆缘，而孙建伟等（2014）强调其可能形成于侏罗纪。Wang 等（2014，2016）对八仙墩和灵山岛的碎屑岩进行对比后认为在早白垩世时山东半岛东缘地区存在一个海相盆地，八仙墩和灵山岛碎屑岩均形成于同一沉积盆地，在沉积环境和成因机制上明显不同于胶莱盆地早白垩世的陆相沉积物，但对海盆的成因机制提出了不同的看法。在吕洪波等（2011，2012，2013）认识的基础之上，张海春等（2013）认为这套早白垩世海相浊积岩仅见于灵山岛地区，无法与其他区域进行对比，为此建议建立一个新的岩石地层单位——灵山岛组。然而，钟建华等（2016）和李守军等（2017）对此提出了异议，强调“灵山岛组”是以三角洲相为主体的陆相浅水沉积，而非半深海—深海沉积。周瑶琪等（2015）则认为早白垩世苏鲁造山带东侧地区为典型的裂陷海盆，呈现出坳隆相隔的构造格局，与胶莱盆地具有很好的对比性，并强调五莲-青岛断裂是胶莱盆地和裂陷海盆的分界线。近期，刘汉青等（2023）借助于灵科 1 井岩芯薄片镜下鉴定和野外露头踏勘，认为灵山岛下白垩统发育 5 种岩相组合，突出显示随着沉积环境从浅海过渡到半深海—深海，流体存在由砂质碎屑流向浊流转变的演化特征。综上所述，苏鲁造山带东缘地区早白垩世时的大地构造环境仍然存在着激烈的争论，苏鲁造山带中零星分布的沉积岩系的时代、物源属性也缺乏系统性和针对性的研究。

碎屑锆石 U-Pb 年龄谱中年龄最小的锆石能精确的限定沉积地层的下限时代（一般沉积时代小于碎屑锆石的最小 U-Pb 年龄），其特征年龄谱和 Hf 同位素组成在物源示踪和大地构造亲缘性判别方面具有独特的优势，因此在沉积大地构造及造山带构造研究中得到广泛的应用，并取得了重要的科研成果（Grimmer et al.，2003；Weislogel et al.，2006；Xie et al.，2012；周建波等，2016）。在前人研究的基础之上（Wang et al.，2014），补充了新的碎屑锆石 U-Pb-Hf 数据和火成岩（流纹岩和安山岩）的年龄数据，精确限定了灵山岛上两套碎屑岩的沉积时代，据此探讨了灵山岛上碎屑岩的沉积物源特征、沉积环境及其大地构造意义。

4.2 灵山岛下白垩统碎屑岩岩相学描述和样品特征

灵山岛上主要出露地层有下白垩统莱阳群法家茔组和青山群八亩地组（图 2. 1b）（山东省地质矿产局，1991；宋明春和王沛成，2003）。莱阳群法家茔组（K_1Lf）为一套典型的砂泥岩沉积，岩性主要为黄绿色薄层细砂岩、粉砂岩、页岩及泥岩，厚度从几十米到几百米不等（宋明春和王沛成，2003）。青山群八亩地组（K_1Qb）是一套典型的中基性火山岩，在区域上分布最为广泛，地层厚度大，在胶东地区的中生代沉积盆地中都可见到它的踪迹。前人对灵山岛地区开展了详细的地质调查，从下到上厘定了 5 个不同的岩性单元（图 2. 1c），分别为镁铁质侵入体、中细粒砂泥岩、中厚层流纹岩、含砾粗砂岩及火山碎屑熔岩(Wang et al. , 2014, 2016)。

灵山岛上，莱阳群法家茔组为典型的砂泥岩交互式沉积，可见明显的粒序层理，具有典型的浊积岩特征（断陷湖盆的斜坡沉积）（图 3. 2）。此外，这套厚层的沉积岩系中发育有大量的软沉积变形和滑塌构造（图 3. 4），可见典型的重荷模构造（图 3. 7c，d）、砂岩透镜体、团块（图 3. 6a-d）、胀缩构造（图 3. 5g）以及小型生长断层（图 3. 5a，b）等。研究区青山群八亩地组平行不整合于莱阳群法家茔组之上（图 4. 1a），主体由中性火山熔岩、火山角砾岩以及火山集块岩组成，中间夹有河流相沉积。

为了更好地限定灵山岛上两套碎屑岩的沉积时代，本次研究除了对莱阳群法家茔组上部及青山群八亩地组下部的碎屑岩进行样品采集外（图 4. 1b-d），还对岛上发育的流纹岩和八亩地组安山岩进行了采样。显微照片显示，法家茔组的粉砂质泥岩主要由长石（~60%）、石英（~30%）和少量岩屑及黏土杂基组成（~10%）（图 4. 2a，b）。镜下特征显示，长石表面绢云母化和黏土化发育，石英呈粒状产出，以基质的形式填充在长石周缘，整体结构为典型的杂基-颗粒支撑。来自流纹岩上覆的含砾粗砂岩为典型的杂砂岩（图 4. 2c），杂基含量约 60%，长石、石英以及白云母（绢云母）等矿物被杂基所包围，为典型的基质支撑结构；其中长石、石英颗粒具有明显的棱角状（图 4. 2c），显示出低的成熟度，暗示了一个近源堆积的特征，这也与野外的观测相一致。流纹岩层厚 5~15m，呈岩席状产出，野外风化面为灰黄色，新鲜面为灰白色，无明显蚀变（图 4. 2d），斑晶矿物主要为高温石英和透长石、正长石，偶见钠长石，粒径以0.1~0.2 mm者居多，少数可达1~2 mm（图4.2d）。上覆八亩地组的中性岩为明显的斑状结构，斑晶主要为角闪石和斜长石。角闪石，黄褐色，半自形—自形晶；斜长石，板状，半自形—自形晶，可见聚片双晶，部分斜长石可见明显的环带结构（图4.2e，f）。此外，中性岩石中可见辉石斑晶。关于流纹岩和中性火山岩的详细论述见第5章。

图4.1　灵山岛地区早白垩世碎屑岩、流纹岩和安山岩野外采样分布图

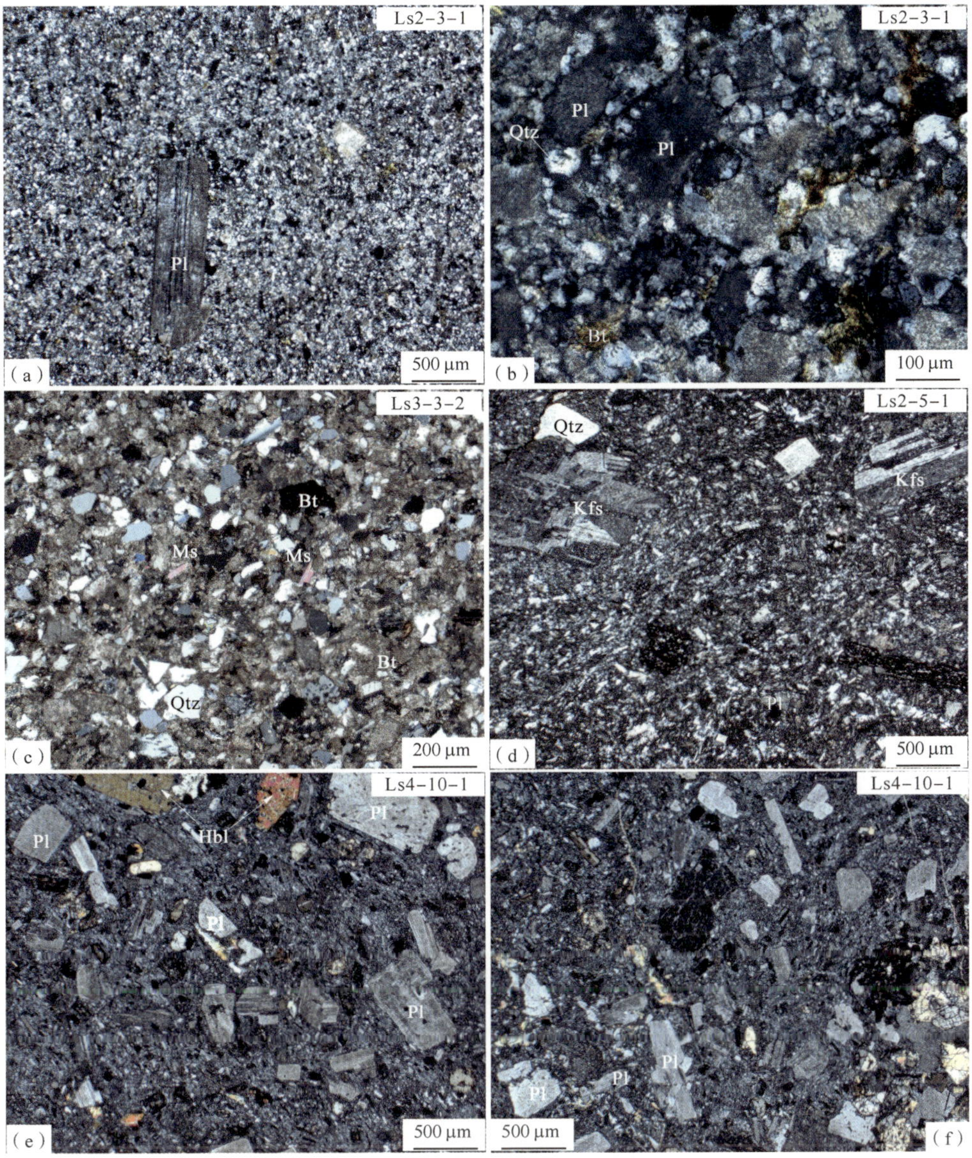

图 4.2　灵山岛早白垩世碎屑岩镜下显微照片

(a)(b)法家茔组碎屑岩；(c)含砾粗砂岩；(d)流纹岩；(e)(f)安山岩

Bt—黑云母；Hbl—角闪石；Kfs—钾长石；Ms—白云母；Qtz—石英；Pl—斜长石；Px—辉石

4.3　灵山岛下白垩统碎屑岩及流纹岩锆石定年及 Hf 同位素分析

所有样品的代表性锆石阴极发光（CL）见图 4.3，其中黑色圈代表锆石 U-Pb 测年区域，黄色圆圈代表 Hf 同位素分析区域。

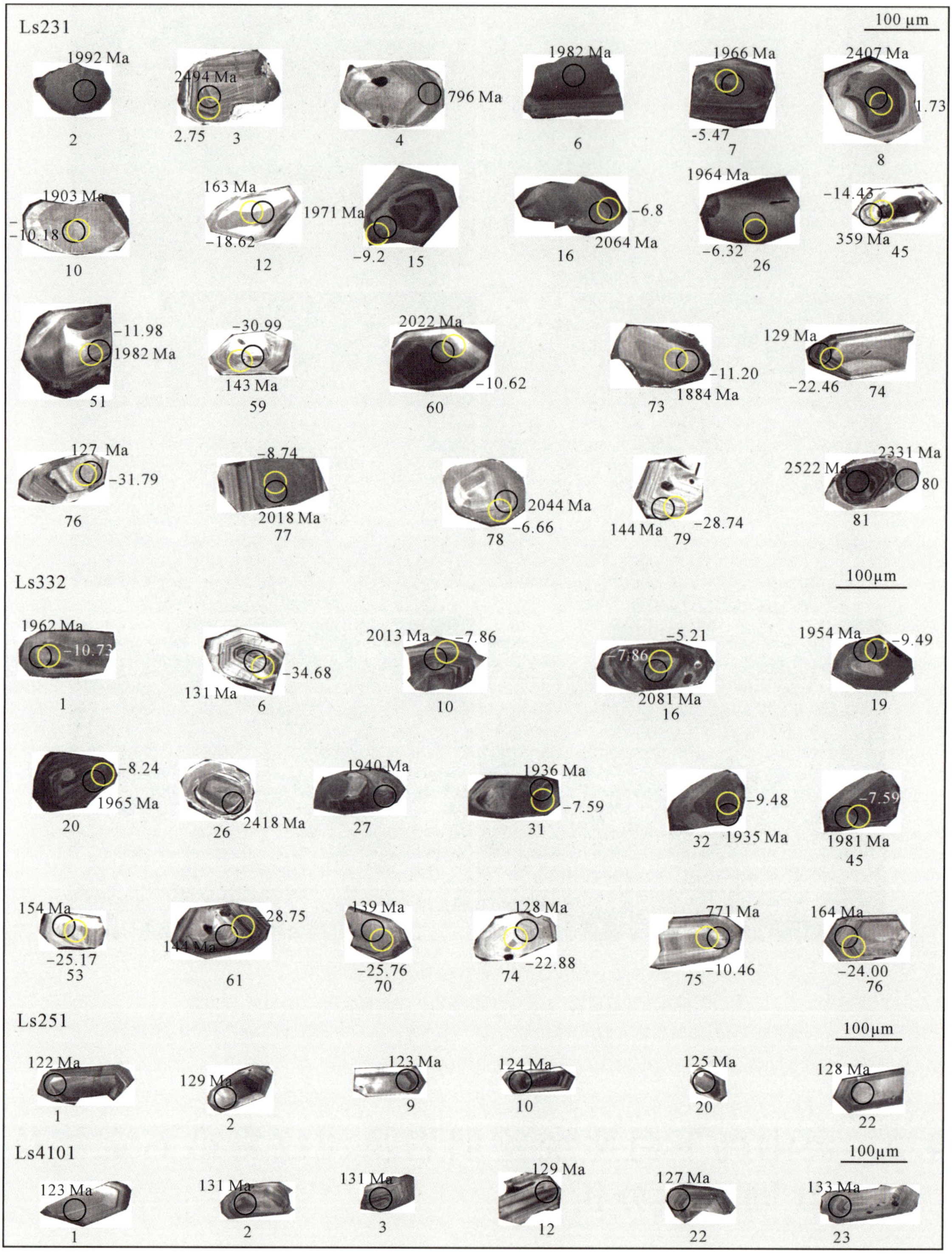

图 4.3　灵山岛早白垩世碎屑岩、流纹岩和安山岩代表性锆石阴极发光（CL）图像

样品 Ls231 取自法家茔组的上部（图 4.1c），岩性为典型的粉砂岩（图 4.2a，b）。采用 LA-ICP-MS 方法对 80 个碎屑锆石进行了 U-Pb 同位素测试，扣除掉 9 个不谐和的年龄外（不谐和度>10%），其余 71 个年龄为谐和年龄，均分布在谐和曲线附近（图 4.4a）。71 个年龄中，5 颗锆石的 $^{206}Pb/^{238}U$ 年龄为 127～163 Ma，1 颗锆石为 359 Ma，1 颗为 796 Ma，剩余 64 颗锆石 $^{206}Pb/^{207}Pb$ 年龄介于 1884～2522 Ma，时代从新太古代末期到古元古代中晚期，是碎屑锆石中最为主要的年龄峰。大部分锆石发育有明显的震荡环带（图 4.3），并且具有较高的 Th/U 比值（>0.4）（图 4.5），暗示其为典型的岩浆成因锆石。此外，少数锆石无明显的环带结构，可见补丁状或斑杂状分带结构（图 4.3），并且具有较小的 Th/U 比值（图 4.5），表明这些锆石后期遭受过热液蚀变，为典型的变质成因锆石（Hoskin and Schaltegger，2003）。

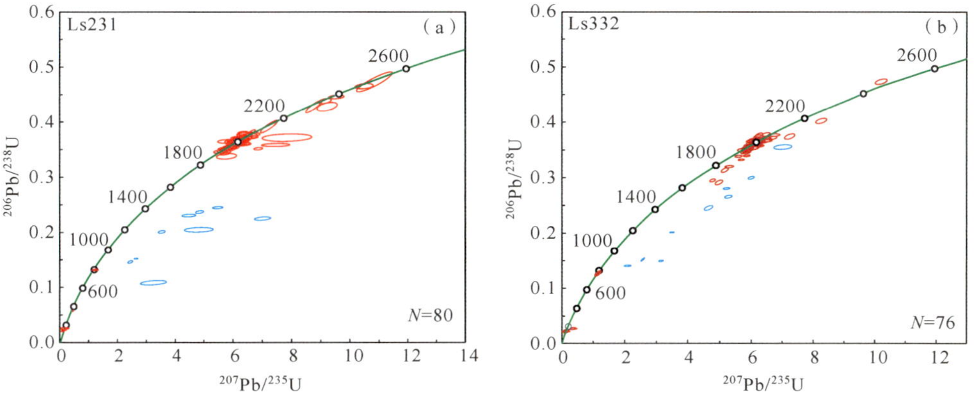

图 4.4 灵山岛碎屑岩锆石 U-Pb 年龄谐和图

N 为锆石测试颗粒数

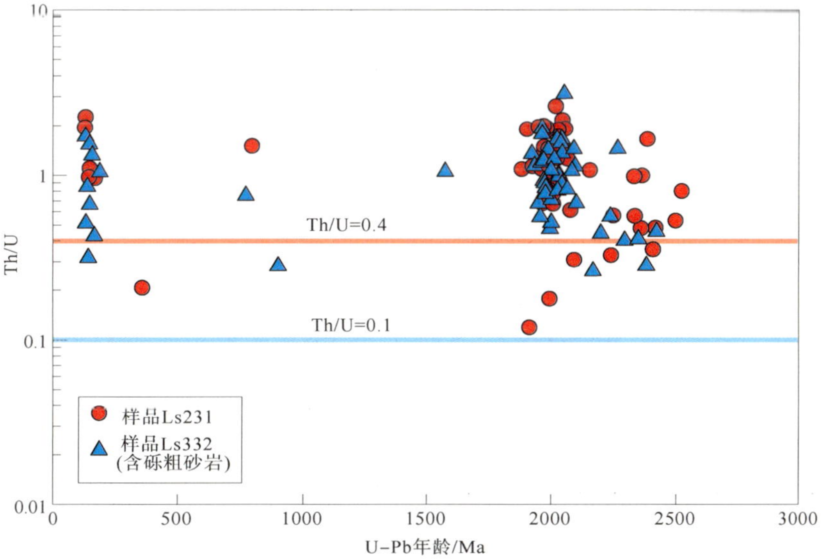

图 4.5 灵山岛碎屑锆石 Th/U 比值分布图

样品 Ls332 位于中厚层流纹岩之上，八亩地组火山碎屑岩之下，为典型的含砾杂砂岩（图 4.1d）。本次共测试碎屑锆石 76 个，有效测点（不谐和度<10%）65 个，均分布在谐和曲线附近（图 4.4b）。分析结果显示，8 颗锆石$^{206}Pb/^{238}U$年龄为 128~164 Ma，时代为晚侏罗世—早白垩世，一颗锆石$^{206}Pb/^{238}U$年龄为 771 Ma，为新元古代早期，剩余 56 颗锆石年龄介于 1935~2418 Ma，为古元古代早中期，是本次研究中最为集中的年龄段。绝大部分锆石具有明显的岩浆韵律环带（图 4.3）及高的 Th/U 比值（>0.4）（图 4.5），为典型的岩浆成因锆石。除此之外，个别锆石具有相对较低的 Th/U 比值和弱分带或者无分带的斑杂状结构，暗示了一个和变质或者热液有关的成因机制（Hoskin and Schaltegger，2003）。

样品 Ls251 来自厚层的流纹岩（图 4.1b）。锆石 CL 图像显示，被测锆石大多数为无色透明状，呈棱柱状或长柱状自形晶，长度介于 50~150 μm，长宽比介于 1∶1~3∶1（图 4.3）。此外，所测样品锆石的边部可见明显的岩浆韵律震荡环带（图 4.3），这些特征与酸性起源的火成岩锆石 CL 的图像相一致（Corfu et al.，2003）。样品 Ls251 共获得 18 个有效测点，在$^{206}Pb/^{238}U-^{207}Pb/^{235}U$谐和图上，这些数据点均位于谐和曲线上或者附近（图 4.6a），表明样品后期没有遭受热液蚀变和没有发生明显的普通 Pb 丢失，$^{206}Pb/^{238U}$加权平均年龄为 124.6±1.1 Ma（MSWD=2.9），代表了流纹岩的成岩年龄。

样品 Ls4101 来自碎屑岩上覆的八亩地组的中性火山熔岩。锆石 CL 显示，被测锆石为透明—半透明状，可见明显的岩浆韵律环带，长度介于 40~120 μm 之间，长宽比为 1∶1~3∶1（图 4.3）。在$^{206}Pb/^{238}U-^{207}Pb/^{235}U$谐和图上，大多数测点均位于谐和曲线上或者附近（图 4.6b），表明所测样品没有明显的普通 Pb 丢失，$^{206}Pb/^{238}U$加权平均年龄为 129.2±1.5 Ma，代表了中性火山岩的成岩年龄。另外，样品 Ls251 和样品 Ls4101 中含有继承性锆石，其$^{206}Pb/^{238}U$年龄值多为新元古代和晚三叠世—二叠纪，暗示了早白垩世苏鲁造山带中酸性岩浆的源区可能来自新元古代扬子板块北部陆缘物质的部分熔融，这也与前人获得认识相一致（张娟，2011；Zhao et al.，2016，2017）。

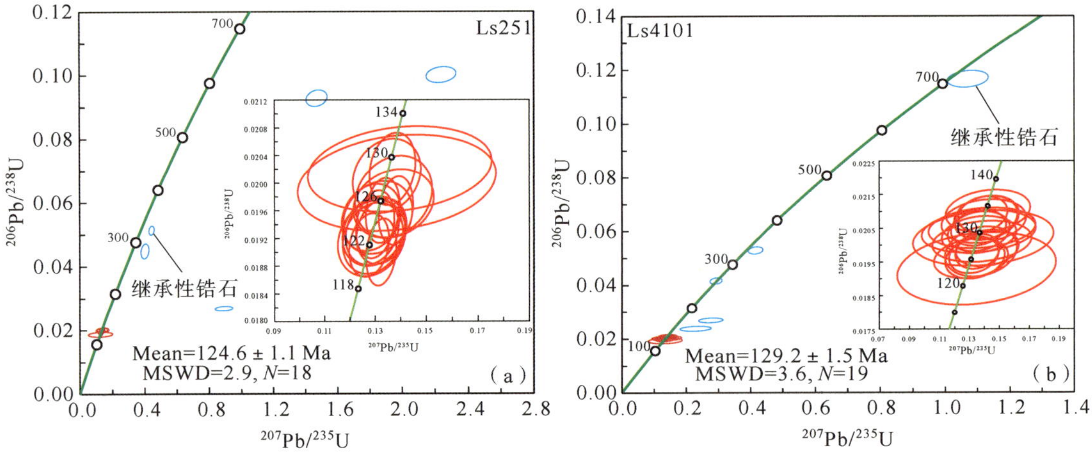

图 4.6 灵山岛流纹岩及中性火山岩锆石 U-Pb 年龄谐和图

为了进一步约束碎屑锆石的来源，本次研究对两件样品（Ls231 和 Ls332）的代表性锆石开展了原位的 Lu-Hf 同位素研究。分析结果显示，早白垩世—晚侏罗世的碎屑锆石具有非常富集的 Hf 同位素组成，$\varepsilon_{Hf}(t)$ 值范围为-18.6~-36.5，二阶段模式年龄（t_{DM2}）介于 2354~3444 Ma，反映这些锆石的源区为古老地壳的再造。1 颗晚古生代（359 Ma）的碎屑锆石也具有相对富集的 Hf 同位素组成，其中 $\varepsilon_{Hf}(t)$ 值为-14.4，二阶段模式年龄为 2241 Ma。1 颗新元古代（771 Ma）的碎屑锆石 $\varepsilon_{Hf}(t)$ 值为-10.5，二阶段模式年龄为 2308 Ma。古元古代中晚期（1884~2081 Ma）的碎屑锆石 $\varepsilon_{Hf}(t)$ 值为-5.21~-12.0，二阶段模式年龄为 2926~3336 Ma。两颗古元古代早期的碎屑锆石（2407 Ma 和 2494 Ma）具有相对亏损的 Hf 同位素组成，正的 $\varepsilon_{Hf}(t)$ 值（+1.73 和+2.75）和相对年轻的二阶段模式年龄（2833 Ma 和 2826 Ma），显示了古元古代早期地壳生长的过程。碎屑锆石 U-Pb 年龄和 $\varepsilon_{Hf}(t)$ 值的协变关系见图 4.7。

4.4 灵山岛碎屑岩沉积时代的限定

莱阳群主要由瓦屋夼组、林寺山组、止凤庄组、水南组、杨家庄组、龙旺庄组、曲格庄组、杜村组以及法家茔组组成（山东省地质矿产局，1991；宋明春和王沛成，2003）。对于莱阳群形成的时代一直存在着较大的争议，更多的学者倾向于莱阳群的时代应该划归为早白垩世，主要基于介形类、叶肢介等化石组合和火山岩夹层的锆石 U-Pb 定年（陈丕基等，1980；沈炎彬，1981；关绍曾，1989；李双应等，2008；Xie et al.，2012；Wang et al.，2014；霍腾飞等，2015；彭楠等，2015；周建波等，2016）。然而，鱼类化石及其部分植物化石却不支持这一观点（刘宪亭等，1963）。李守军和谢传礼（1997）认为莱阳群的沉积时代应该始于晚侏罗世，一直延续到早白垩世。因此，灵山岛地区莱阳群法家茔组沉积时代的测定，为进一步精确限定其沉积时代提供了新的约束。

沉积岩系碎屑锆石的年龄谱具有丰富的年代学信息，其最小的年龄谱可以很好地界定沉积岩沉积的时代下限（Wilde et al.，2001；周建波等，2016）。样品 Ls231 中两颗锆石的 $^{206}Pb/^{238}U$ 年龄为 127 Ma 和 129 Ma，平均值为 128 Ma，CL 图像显示（图 4.3），这两颗锆石具有明显的岩浆韵律环带，高的 Th/U 比值（>0.4），为典型的岩浆成因。样品 Ls332 中最年轻的锆石年龄为 128 Ma，该锆石也具有明显的岩浆韵律环带（图 4.3）以及高的 Th/U 比值（>0.4），暗示了一个岩浆成因的特征。研究结果表明，在误差范围内两件样品具有一致的沉积时代（128 Ma）。此外，沉积地层中穿插的岩席或者岩脉可以很好地限定沉积地层形成的上限年龄。野外观测显示（图 4.8a，b），

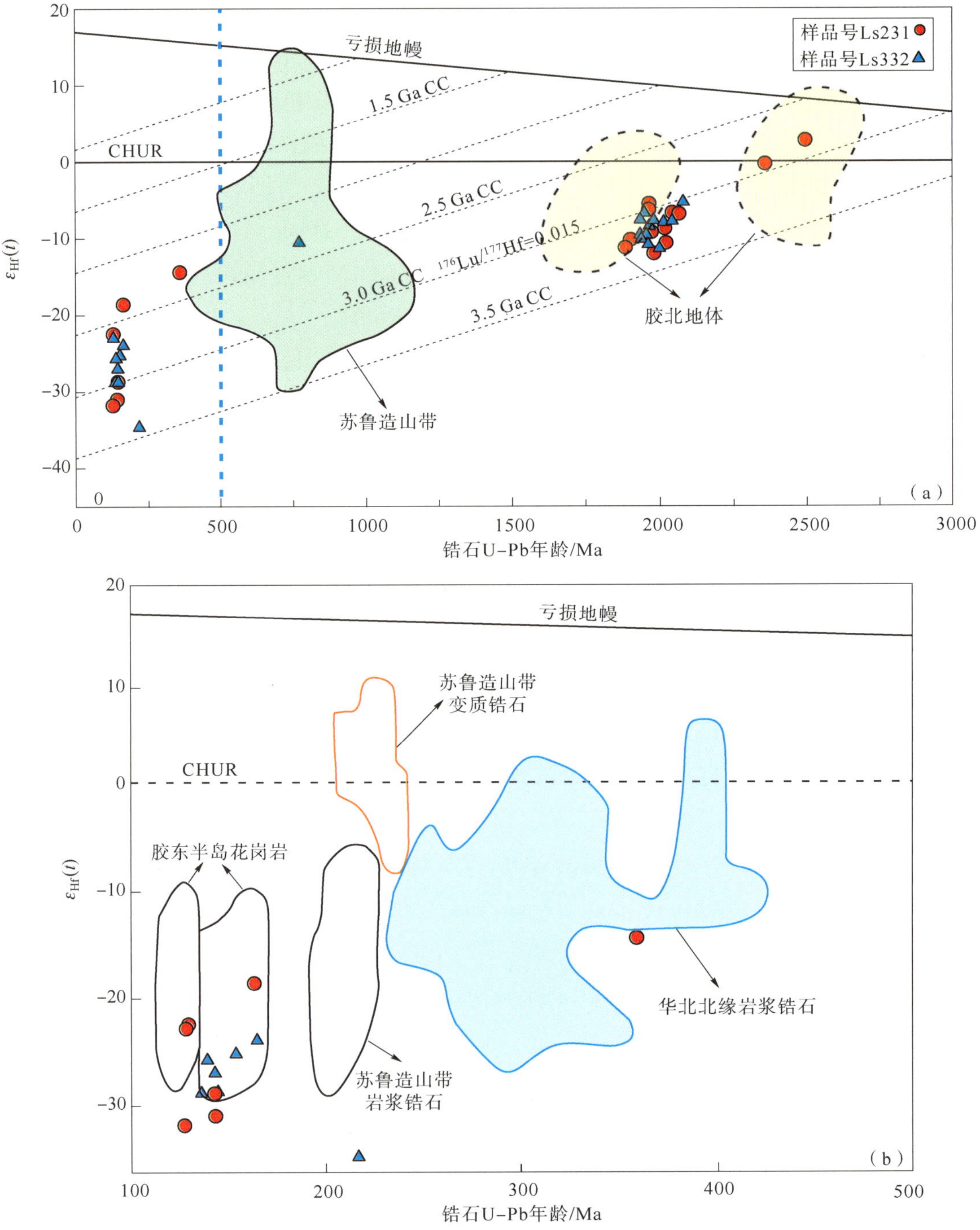

图 4.7　灵山岛早白垩世碎屑岩锆石 $\varepsilon_{Hf}(t)$ 值与 U-Pb 年龄协变图解

（锆石 $\varepsilon_{Hf}(t)$ 值范围据 Yang et al.，2013）

CHUR—球粒陨石；CC—大陆地壳

流纹岩和沉积岩为典型的侵入接触关系。锆石 U-Pb 结果显示，流纹岩形成于 124.6 Ma（图 4.6a），为早白垩世，这也暗示了灵山岛上碎屑岩的沉积时代不晚于 125 Ma。综上所述，灵山岛上碎屑岩的沉积时代为 125~128 Ma，为早白垩世中期，也暗示了莱阳群形成于早白垩世，这也与周建波等（2016）在胶莱盆地获得的认识相一致。其次，研究结果也表明，分布在流纹岩之上的含砾杂砂岩应归属于莱阳期法家茔组后期的一套湖泊萎缩后的河流相沉积。

图 4.8　灵山岛早白垩世流纹岩与碎屑岩野外分布特征

（a）灵山岛流纹岩与沉积碎屑岩野外关系分布图；（b）流纹岩中的沉积岩夹层

4.5　灵山岛下白垩统碎屑岩的物源示踪

两件样品的碎屑锆石有效测点共计 136 个，年龄介于 127~2522 Ma，可以分为几个不同的年龄区段（图 4.9）。①2522~2235 Ma 为古元古代早期阶段，峰期年龄为 2400 Ma，这些碎屑锆石具有高的 Th/U 比值 0.35~1.65，平均值为 0.75，为典型的岩浆成因锆石；其次古元古代早期阶段的两颗代表性锆石具有正的 $\varepsilon_{Hf}(t)$ 值（图 4.7a），此时华北地区的构造环境可能为典型的洋壳俯冲带或者主动大陆边缘（徐扬等，2011；Santosh et al.，2016），暗示了古元古代早期地壳生长的过程。华北克拉通（NCC）主要以发育新太古代（~2500 Ma）和古元古代（~1850 Ma）的岩浆活动为特征（Zhao et al.，2005；徐扬等，2011；Sun et al.，2012；Yang et al.，2012，2013）。虽然在华南崆岭群也有古元古代和新太古代岩浆事件的报道（Gao et al.，1999；Liu et al.，2008；徐扬等，2011），但与华北克拉通相比，华南地区则以发育新元古代含磷冰碛岩，双峰式岩浆活动最为典型（Liu et al.，2008；徐扬等，2011）。灵山岛地区的碎屑锆石 U-Pb 结果显示，所测样品明显缺乏新元古代的锆石年龄而不同于扬子克拉通（图 4.9a），因此它们的源区很可能来自亲华北板块的胶北地体（图 4.7a；图 4.9b）。②1884~2152 Ma 阶段的碎屑锆石峰期年龄值为~1900 Ma，这组数据占有绝对的优势。这些碎屑锆石普遍具有较高的 Th/U 比值（>0.4）（图 4.5），暗示了一个岩浆成因。少部分锆石具有相对较低的 Th/U 比值（<0.4），很可能和华北地区古元古代中期的麻粒岩-高角闪岩相的变质事件有关（周建波等，2013）。这些古元古代中期的代表性锆石的 $\varepsilon_{Hf}(t)$ 值介于-5.21~-11.98，它们与胶北地体的锆石 Hf 同位素组成相一致（图 4.7a）。其次，古元古代中期（~1900 Ma）的锆石在 Hf 同位素组成上明显不同于古元古代早期，这也表明了该时期的岩浆源区主要以古老地壳的再造为主。③第三个年龄段的锆石为新元古代，分布较少，年龄为 771 Ma 和 796 Ma，Th/U 比值为 1.49 和 0.79，为典型的岩浆锆石。其中 771 Ma 的锆石 $\varepsilon_{Hf}(t)$ 值为-10.46，二阶段模式年龄为 2308 Ma。新元古代的两颗碎屑锆石和苏鲁造山带超高压变质岩的原岩年龄相一致（Zhao et al.，2017），因此它们很可能来自亲扬子板块的苏鲁造山带。④样品 Ls231 分布有 1 颗 359 Ma 的碎屑锆石，该颗碎屑锆石具有明显的核幔结构，锆石的边部可见明显的岩浆韵律环带（图 4.3），核部为暗色的残余锆石。该碎屑锆石的年龄曾经在苏鲁造山带中的超高压岩石（CCSD 钻孔）和副片麻岩中获得（许志琴等，2006；Yang et al.，2009；彭楠等，2015），因此晚古生代的碎屑锆石很可能来自近源的苏鲁造山带。此外，该颗锆石具有相对较低的 $\varepsilon_{Hf}(t)$ 值（-14.4），二阶段模式年龄为 2241 Ma，显示了古老地壳的再造，这也和华北北缘晚古生代岩浆活动以及 Hf 同位素组成具有很好的耦合性（邵济安等，2015；Cao et al.，2013），即表明在苏鲁造山带形成的过程中，华北北缘的少量物质可能参与了造山带的形成。⑤晚侏罗世—早白垩世的岩浆岩在苏鲁造山带以及胶北地体中广泛分布（郭敬辉等，2005；Yang et al.，2005a，2005b；张娟，2011；Xu et al.，2016；Zhao et al.，2016，2017）。本次研究获得碎屑锆石年龄范围为 164~127 Ma，这些锆石具有高的 Th/U 比值（>0.4）（图 4.5），并且 CL 图像显示，它们均具有明显的岩浆韵律结构（图 4.3），为典型的岩浆成因锆石。锆石 Hf 同位素显示，晚侏罗世—早白垩世的碎屑锆石具有非常富集的 Hf 同位素组成（$\varepsilon_{Hf}(t)$ = -18.62~-31.79）（图 4.7b），暗示其源区为古老地壳的部分熔融。结合锆石 U-Pb 年龄以及 Hf 同位素组成，灵山岛地区晚侏罗世—早白垩世碎屑锆石很可能来自苏鲁造山带或胶北地体的中生代岩浆岩（图 4.9b，c）。

综合结果显示，亲华北板块的胶北地体是灵山岛碎屑岩最为重要的物质源区，其次亲扬子板块的苏鲁造山带也为灵山岛地区的碎屑岩提供了物源（图 4.9）。研究结果表明，在早白垩世时，苏鲁造山带可能存在着差异隆升，苏鲁造山带不同地区的古水流、碎屑锆石年龄峰值分布方面以及碎屑岩砾石物质组成方面均有明显的不同，表现为西南段隆升幅度较大，而东北段隆升幅度较小，并且可能经历了后期的构造塌陷（彭楠等，2015）。

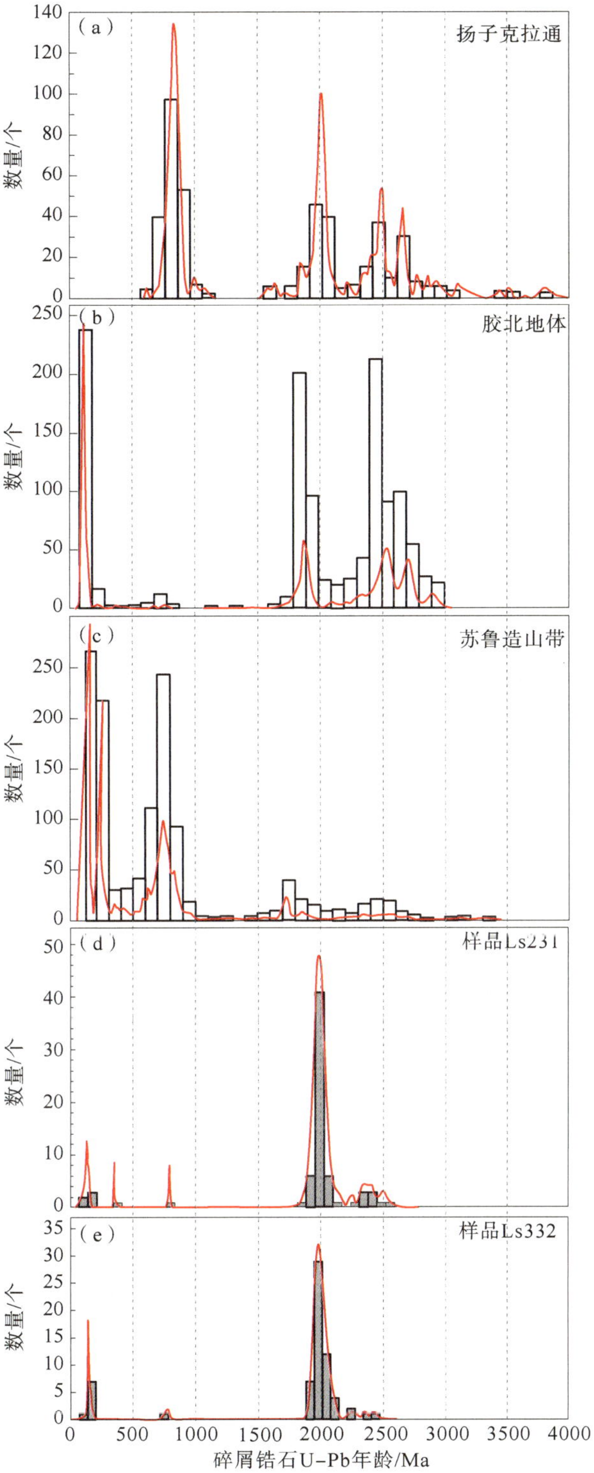

图 4.9 灵山岛碎屑岩锆石 U-Pb 年龄分布频率图

（苏鲁造山带、胶北地体及扬子克拉通锆石年龄数据

据 Xie et al.，2012；Wang et al.，2014，2016；周建波等，2016；有修改）

4.6　与胶莱盆地莱阳群的物源对比

胶莱盆地和苏鲁造山带之间以五莲-青岛-烟台断裂为界。本次的研究结果表明，来自断裂带以东的灵山岛地区的莱阳群在物源组成上和胶莱盆地明显不同。胶莱盆地莱阳群的碎屑锆石年龄谱系以中生代年龄为主（图 4.10a），而灵山岛地区莱阳群碎屑锆石的年龄以古元古代年龄为主（图 4.10b）。这些特征显示，亲华北板块的胶北地体是断裂带以东的灵山岛地区的主要物源区，而苏鲁造山带是断裂带以西胶莱盆地的主要物源。造成这种沉积物源的差异和当时的大地构造背景具有密切的关系。早白垩世时研究区及邻区以伸展构造为主（Ren et al.，2002；刘俊来等，2008；Ni et al.，2013；Xia et al.，2016），由拆离断层形成的拉伸断陷盆地广泛发育。因此，这种主要物源的差别很可能和当时的古地貌以及区域性断陷盆地的分布有关（侯方辉等，2008；彭楠等，2015）。

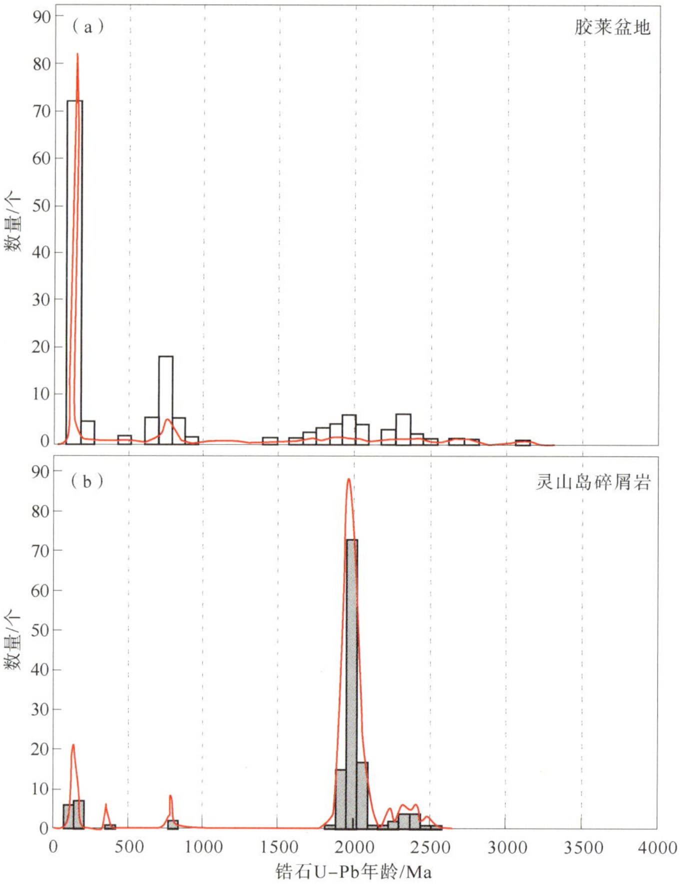

图 4.10　胶莱盆地莱阳群与灵山岛地区莱阳群碎屑锆石年龄对比图

（图（a）据周建波等，2016，有修改）

4.7 沉积大地构造环境

苏鲁造山带东段灵山岛地区早白垩世时的大地构造环境以及岛上的两套碎屑岩的成因机制存仍然在着激烈的争论（吕洪波等，2011；钟建华，2012；张海春等，2013；Shao et al.，2014；李守军等，2017；Zhou et al.，2017）。

在前人研究的基础之上，本次研究对灵山岛上发育的两套碎屑岩分别进行了取样（图 4.1），并且对两件样品进行了碎屑锆石 U-Pb 测试和 Hf 同位素分析。综合结果表明，莱阳群法家茔组和上覆的粗碎屑岩具有相同的沉积时代以及物源组成，暗示了一个从下到上快速沉降的过程。其次碎屑锆石中侏罗纪—早白垩世的锆石年龄和苏鲁造山带以及胶北地体中广泛分布的后碰撞花岗岩类的年龄相一致（张娟，2011；Meng et al.，2018），这充分表明了花岗岩类在侵入后不久便被剥蚀到地表。侏罗纪—早白垩世花岗岩类的快速折返时间和区内变质核杂岩中大型拆离断层形成的时代相一致（Ni et al.，2013；周建波等，2016）。因此，研究区内大型伸展断裂构造的发育一方面导致区内大规模的火山岩浆活动，另一方面导致了早先侵位的花岗岩类和超高压岩石折返到地表，成为剥蚀物源区，构成了三位一体的变质核杂岩机制。早白垩世（~125 Ma）是中国东部岩石圈减薄的峰期，其中最为直接的证据表现为广泛分布的断陷盆地、拆离断层、变质核杂岩以及大规模的岩浆火山活动（Ren et al.，2002；Wu et al.，2005；刘俊来等，2008；张娟，2011；Liu et al.，2013；Ni et al.，2013；Xia et al.，2016）。因此，早白垩世时灵山岛地区也表现为以伸展构造为主的盆岭地貌，这也得到了地球物理资料的印证（侯方辉等，2008）。

流纹岩上部的含砾粗砂岩中可见虫孔构造、斜层理等，指示了一个河流相的沉积环境（图 4.11a，b）。下部的法家茔组细粒砂泥岩发育有良好的粒序层理，可见植物碎屑化石、叶肢介和鱼类化石等（图 4.11c，d）（李守军等，2017），显示了一个陆相淡水的沉积环境。早白垩世早期，由于拆离断层的伸展作用，断陷盆地开始接受沉积，沉积了厚层的湖相砂泥岩。到了早白垩世中晚期时，研究区内的断陷湖盆处于演化的后期，发育了一套以风暴岩为特征的浅水湖泊相沉积（钟建华等，2016）。在断陷湖盆萎缩消亡期时，其上发育了一套河流相的含砾粗砂岩。整个沉积过程可以概括为：早白垩世时断陷湖盆初期规模较大，沉积了一套较厚的砂泥岩，广泛发育浊积岩；到了湖盆萎缩、消亡时，以含砾的粗碎屑河流相沉积为主，随后火山爆发，其上覆盖了一套厚层的中基性火山角砾岩。通过对灵山岛上的中性火山岩进行锆石 LA-ICP-MS 定年，结果显示：上覆的火山岩的成岩时代和两套碎屑岩的沉积时代近乎一致（图 4.6b）。因此研究结果暗示了在湖盆沉积后不久，区内发生了强烈的火山喷发，引起了局部火山地震，导致断陷湖盆中未成岩的砂泥岩发生滑塌，形成大规模的软沉积变形和滑塌构造，这也和 Zhou 等（2017）、葛毓柱和钟建华（2017）的研究成果相一致。

结合古生物化石（图 4.11）以及典型的风暴沉积（钟建华等，2016），我们认为灵山岛上发育的两套的碎屑岩为典型的河湖相沉积，而非半深海—深海沉积，其沉积环境类似于胶莱盆地的下白垩统。灵山岛上的两套碎屑岩的岩性、沉积时代以及化石组合和莱阳群法家茔组较为接近，均为陆相沉积。因此，建议使用莱阳群法家茔组，而不建议使用被认为发育深海—半深海浊积岩的“灵山岛组”（张海春等，2013）。灵山岛下白垩统中的浊积岩也为湖湘盆地斜坡沉积，而非海相浊积岩。

图 4.11　灵山岛地区碎屑岩及化石野外分布照片

（a）含砾粗砂岩中的虫孔构造；（b）含砾粗砂岩中的斜层理构造；

（c）法家茔组砂泥岩中的叶肢介化石；（d）法家茔组砂泥岩中的植物根茎碎屑化石

4.8　小节

碎屑锆石 U-Pb 测年结果显示，莱阳群法家茔组和青山群八亩地组下部的碎屑岩沉积时代为 127±3 Ma 和 128±4 Ma，表明两套碎屑岩都是早白垩世中晚期的沉积产物；灵山岛上两套碎屑岩具有完全相似的年龄谱以及锆石 Hf 同位素组成，表明发育软沉积变形的细粒粉砂岩、泥岩和上覆的含砾粗砂岩具有相似的物源，并且源区组成较为单一，主要以亲华北板块的胶北地体为主，其次的物源区为苏鲁造山带；胶莱盆地下白垩统莱阳群和灵山岛下白垩统莱阳群的碎屑锆石年龄谱对比表明，灵山岛上的莱阳群碎屑岩明显不同于胶莱盆地的莱阳群，暗示在早白垩世时，灵山岛上的两套碎屑岩可能受到区域断裂的控制，沉积于一个相对独立的盆地。综合结果表明，灵山岛地区莱阳群法家茔组可能沉积于断陷湖盆的萎缩期，早期的沉积以湖相为主，晚期主要以河流相为主，在此期间遭受到了强烈的火山地震作用，诱发了下部的湖相砂泥岩发生大规模的滑塌和软沉积变形。早白垩世时，灵山岛地区为典型的河湖相沉积，而非深海—半深海沉积，建议使用莱阳群法家茔组之名，而不使用被认为是海相浊积岩命名的“灵山岛组”。

第5章　灵山岛及邻区火成岩岩石成因及大地构造意义

大别-苏鲁造山带是扬子板块和华北板块在三叠纪时陆陆碰撞的产物（Liou et al.，2000；Zheng et al.，2003；Yang et al.，2005a，b；Xu et al.，2006；Liu and Liou，2011；Liu et al.，2017；Zhao et al.，2017），是研究后碰撞岩浆活动和壳-幔相互作用的天然实验室（Zhang et al.，2002a；Xu et al.，2006，2016；Zhao et al.，2017）。以往的研究主要集中在高压（HP）和超高压（UHP）变质岩以及花岗质岩石，而对与花岗岩在时空上相伴生的火山岩的研究程度则相对较低，主要是因为火山岩在苏鲁造山带中的分布较为零散和局限（Wang et al.，2014，2015；Meng et al.，2020）。为了进一步明确苏鲁造山带后碰撞的动力学过程和深俯冲陆壳的再循环，我们选择了研究程度较低的灵山岛作为研究靶区。火山岩出露面积占灵山岛总面积的60%左右，岩性以中性火山岩（安山岩）和火山角砾岩为主。前人对岛上的火山岩进行了初步研究，但灵山岛上火山岩系统的岩石组合、精确的年代学以及地球化学和同位素特征却缺乏系统性研究，特别是缺乏火山岩和侵入岩（比如临近区域的花岗岩）的对比性研究，这直接制约了对火山-岩浆事件的全面理解（比如侵位、抬升和剥蚀）。本章中，我们报道了灵山岛上火山岩详细的野外情况以及系统的全岩地球化学、锆石U-Pb测年和Hf-O同位素数据。此外，还补充了与火山岩近乎同时代的花岗岩样品，为进一步对比性研究提供了可能。另外，本章的目的在于示踪灵山岛上火山岩的形成过程、机制，并为陆陆碰撞带中后碰撞伸展岩浆活动的成因机制提供新的岩石制约。

5.1　灵山岛流纹岩成岩时代及岩石成因

5.1.1　流纹岩野外分布及岩相学特征

除了早白垩世沉积岩和火山熔岩及相伴生的角砾岩外，流纹岩是灵山岛上最为醒目和重要的地质体（图5.1a，b）。野外观测显示，流纹岩与下白垩统法家茔组碎屑岩呈不整合接触，在接触面上可以见到法家茔组砂岩发生角岩化和硅化（图5.1c）。流纹岩整体风化较弱，隐晶质结构，局部区域可见明显的流动构造（图 5.1d）。显微结构显示，流纹岩为典型的斑状结构，斑晶以半自形—自形的钾长石为主，钾长石斑晶可见明显的卡式双晶；基质主要由细粒和隐晶质的石英、长石以及黑云母等暗色矿物组成（图 5.1e，f）；副矿物主要为磷灰石、锆石等。

图 5.1　流纹岩野外及镜下分布特征

(a)(b) 流纹岩野外露头；(c) 流纹岩与下白垩统碎屑岩的不整合接触；(d) 流动构造；(e)(f) 流纹岩显微岩相学照片

Kfs—钾长石；Qtz—石英

5.1.2　流纹岩的锆石 U-Pb 年龄和 Hf-O 同位素特征

本次研究选择 3 件代表性样品开展锆石 U-Pb 年龄和原位的 Hf-O 同位素测试，代表性锆石的阴极发光图像及测点位置见图 5.2。

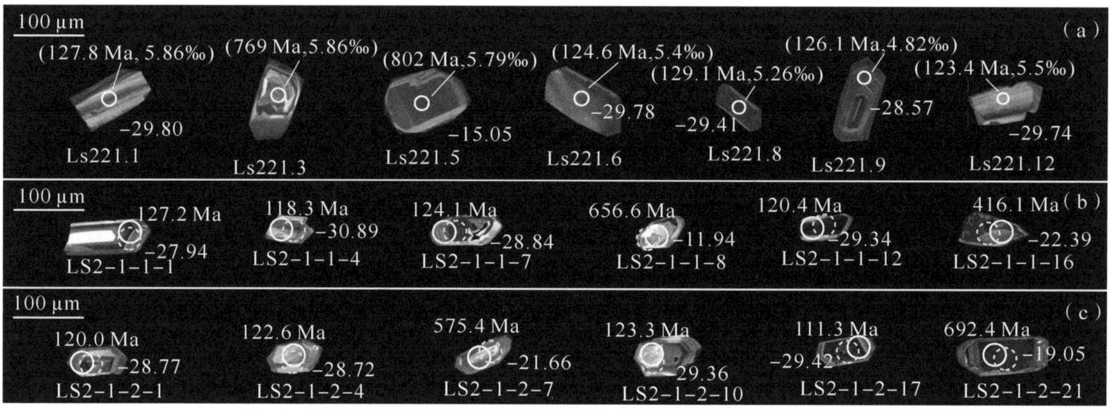

图 5.2　灵山岛流纹岩代表性锆石阴极发光（CL）图像

（a）中白色圆圈为 SHRIMP U-Pb 测年区域和锆石氧同位素测试区域；（b）（c）中白色圆圈为 LA-ICP-MS U-Pb 测年区域，其中黄色圆圈为锆石 Lu-Hf 同位素分析区域

3 件样品分别使用 SHRIMP 和 LA-ICP-MS 两种测试方法。其中，样品 Ls221（图 5.2a）使用 SHRIMP 技术进行测试，样品 LS2-1-1 和 LS2-1-2 使用 LA-ICP-MS 测试分析（图 5.2b，c）。样品 Ls221、LS2-1-1 和 LS2-1-2 分别测试 11、19 和 21 个测点。CL 图像显示（图 5.2a，c），测试的锆石多为半自形—自形，短柱状—长柱状，大小从 60 μm 到 180 μm 不等，长短轴之比为 3∶1，部分锆石内部可见明显的暗色包体。所测锆石大部分可见明显的岩浆韵律环带，并且具有较高的 Th/U 比值（>0.4），显示岩浆成因锆石的特征（Hoskin and Schaltegger，2003）。少部分锆石内部结构较为复杂，多为斑杂状结构，未见明显的环带，并且具有高的 U 含量和较低的 Th/U 比值，暗示其经历较为复杂的地质过程。在锆石 U-Pb 年龄谐和图上，3 件样品的测点大部分落在谐和曲线上或者曲线附近（图 5.3a-f），表明所测试的锆石没有明显的普通 Pb 丢失。样品 Ls221 有效测点 11 个，获得的 $^{206}Pb/^{238}U$ 年龄范围为 123.4 ± 2.6 Ma 到 135.9 ± 2.0 Ma，加权平均年龄为 127.6±1.3 Ma。另外两件样品的有效测点获取的加权平均平均年龄分别为 123.1±1.9 Ma（LS2-1-1-1；95%置信度，MSWD=2.0）和 121.4±1.4 Ma（LS2-1-1-2；95%置信度，MSWD=1.4）。测试结果显示，灵山岛流纹岩的成岩年龄可能长达 5~6 Ma，暗示了流纹岩为典型的脉冲式成岩模式，而不是一次性侵位成岩的。如前所述，CL 图像已经暗示了所测锆石成因的复杂性。除了早白垩世的岩浆结晶锆石之外，流纹岩中普遍可见新元古代的继承性锆石。

为了进一步确定锆石 Hf 同位素组成特征和流纹岩的源区属性，在锆石 U-Pb 分析测年的基础上，对所测锆石进行 Lu-Hf 同位素分析。Lu-Hf 分析区域在锆石 U-Pb 分析的原位（*in situ*）或者邻近区域进行（图 5.2b，c）。选择其中代表性两件样品，总

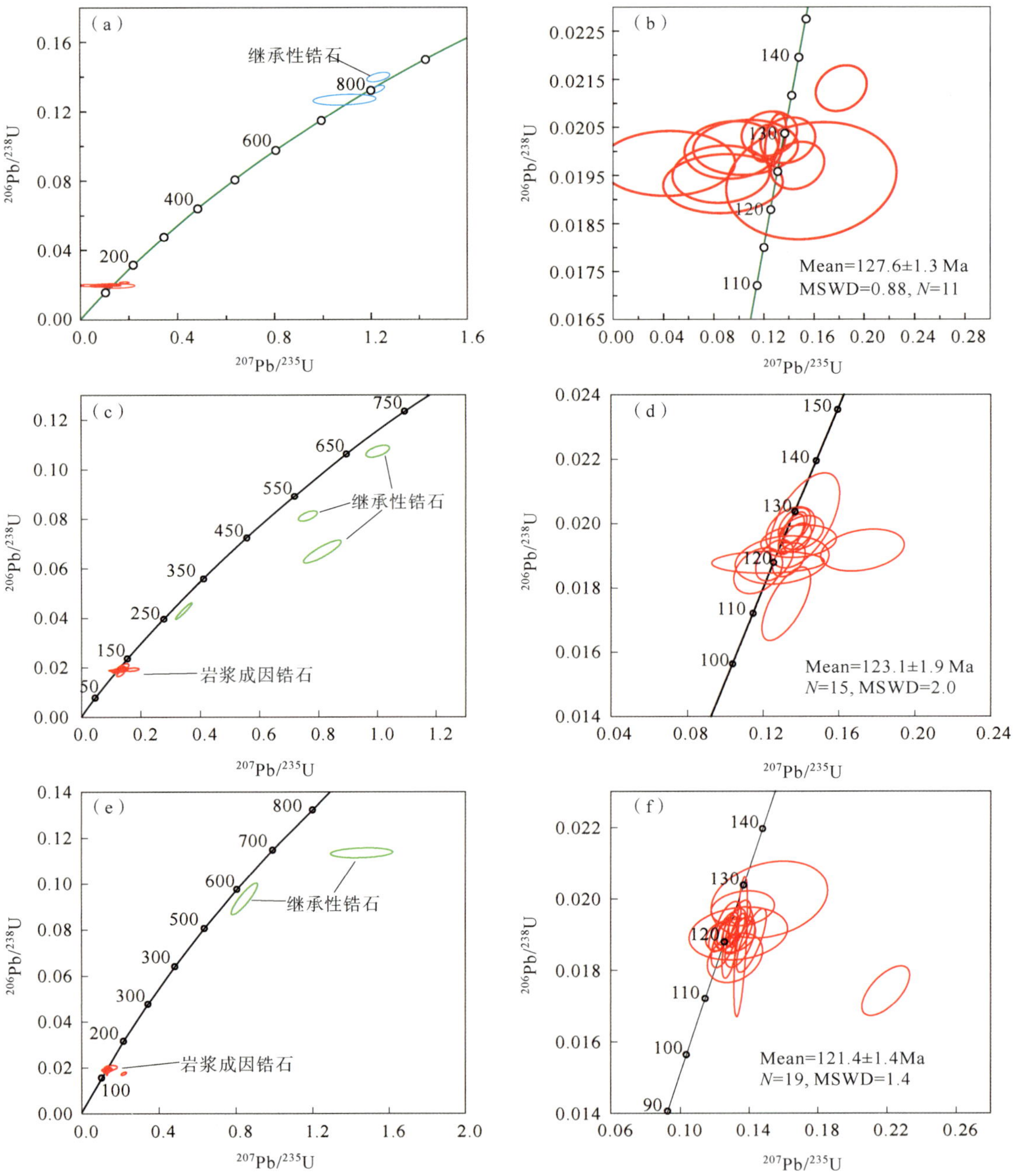

图 5.3　灵山岛流纹岩锆石 U-Pb 年龄谐和图

(a)(b)为 SHRIMP 测试，样品 Ls221；(c)(d)为样品 LS2-1-1；

(e)(f)为样品 LS2-1-2，分别由 LA-ICP-MS 测试完成

共分析 Hf 同位素测点 40 个，其中继承性锆石 6 个，岩浆成因锆石 34 个。34 个岩浆成因锆石的 Hf 同位素组成较为一致，其中 $^{176}Hf/^{177}Hf$ 比值介于 0.282032～0.281838（平均值为 0.281891），$\varepsilon_{Hf}(t)$ 值介于-24.1～-32.3（平均值为-29.1），二阶段模式年龄

（T_{DM2}）介于2662~3167 Ma。与流纹岩中的岩浆锆石相比，继承性锆石显示出较为亏损的Hf同位素组成和年轻的二阶段模式年龄（图5.4）。

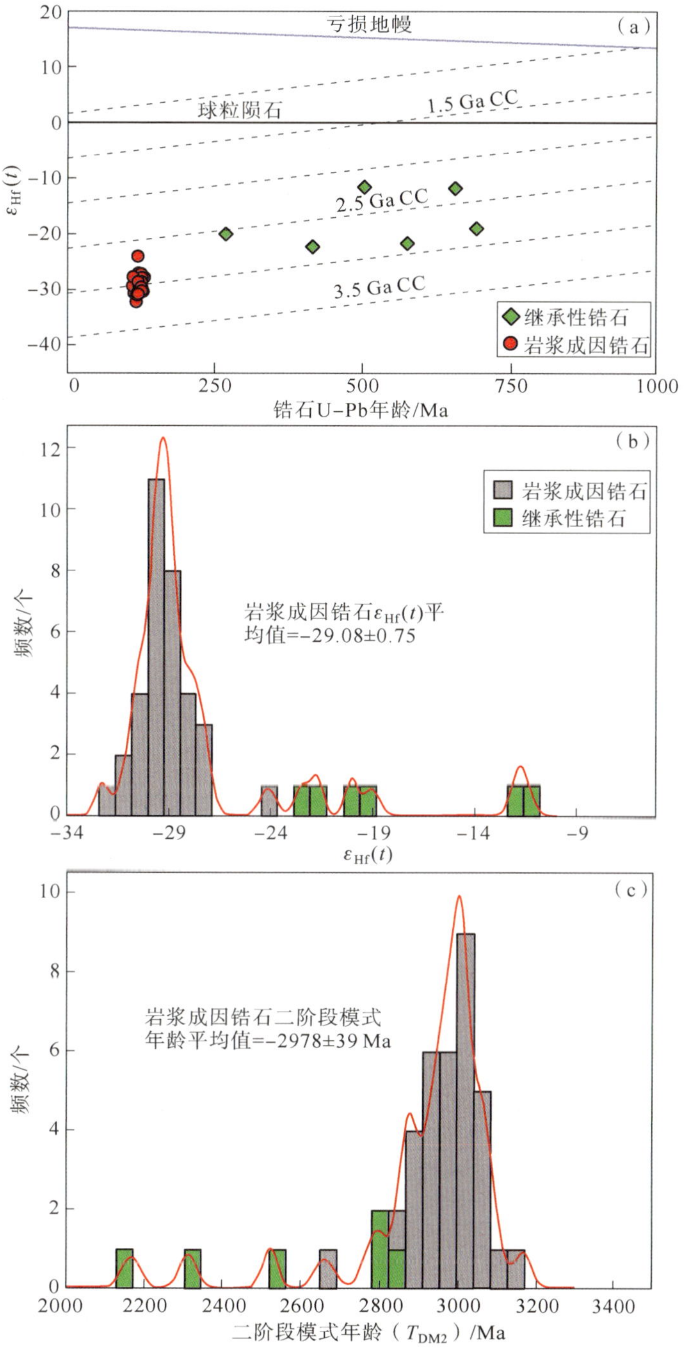

图5.4 锆石Hf同位素分布图

（a）锆石U-Pb年龄-$\varepsilon_{Hf}(t)$ 值分布图；（b）锆石 $\varepsilon_{Hf}(t)$ 值分布直方图；

（c）锆石Hf同位素二阶段模式年龄分布直方图

CC—大陆地壳

对于流纹岩中的部分代表性锆石开展氧同位素分析（图 5.2a），氧同位素分析结果见图 5.5。流纹岩中的结晶锆石和继承性锆石的氧同位素结果为 4.82‰～5.86‰，平均值为 5.37‰。测试结果表明，流纹岩中的锆石具有类似于地幔锆石的氧同位素组成（幔源锆石的氧同位素平均组成为 5.3‰±0.3‰；Valley et al.，2005）。

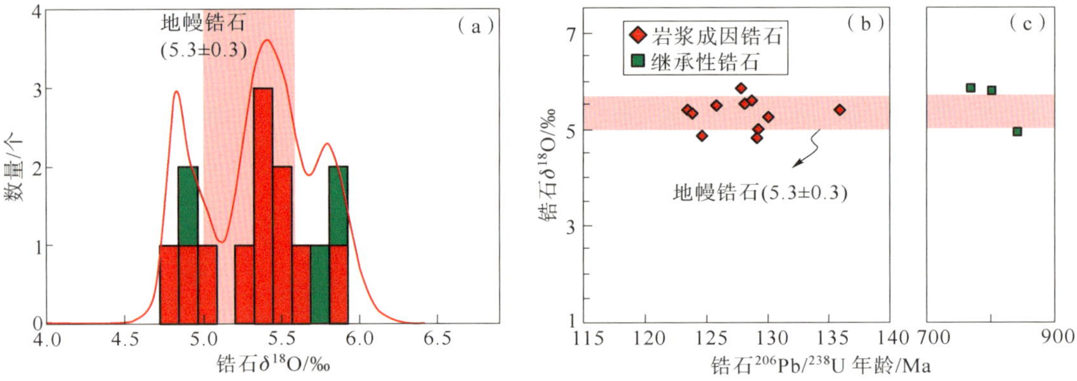

图 5.5　氧同位素分析结果

（a）流纹岩结晶锆石和继承性锆石氧同位素分布直方图；（b）流纹岩的年龄分布（$^{206}Pb/^{238}U$）-氧同位素分布图

5.1.3　全岩地球化学分析结果

流纹岩的 7 件样品用于全岩地球化学分析，在进行相关计算时，所有主量元素均扣除挥发分后含量重新换算为 100%。测试结果显示，流纹岩的 SiO_2 含量为 75.64%～77.30%，为一套典型的酸性火山岩，这与 TAS 图解相一致（图 5.6a）。另外，标准矿物计算（CIPW）结果显示，流纹岩的石英含量为 30.4%～35.08%，钠长石、钾长石以及钙长石含量分别为 33.34%～39.65%、25.15%～29.98% 和 0～0.52%。另外，CIPW 计算结果还显示，刚玉的含量为 0～0.84%，平均值为 0.12%，远小于 1.0%，暗示灵山岛流纹岩为非典型的过铝质花岗岩。TAS 图解显示，所有样品显示出较高的碱含量（Na_2O+K_2O），整体上落在欧文（Irvine）曲线附近，从总体看，流纹岩样品以亚碱性的地球化学特征为主，部分样品显示出碱性的特征。在碱度率图解上，所有样品均落入碱性区域（图 5.6b）。

在 SiO_2-K_2O 判别图解中（图 5.6c），所有样品落入高钾钙碱性区域，这也与 CIPW 计算的矿物学结果相一致（碱性长石为主）。该流纹岩具有较低的 MgO（0.09%～0.15%）、TiO_2（<0.1%）、CaO（0.09%～0.14%）和 P_2O_5（0.01%～0.02%）含量，$Mg^{\#}$含量也较低，介于 17.83～27.53。所有样品的铝饱和指数（A/CNK）介于 0.86～1.07，均小于 1.1，显示出 I 型花岗质岩石的地球化学特征（图 5.6d）。岩石 Na_2O/K_2O

介于 0.75~1.10，部分样品相对富钾。此外，在 A/NK-A/CNK 图解中（图 5.6d），部分样品位于过碱性范围内。

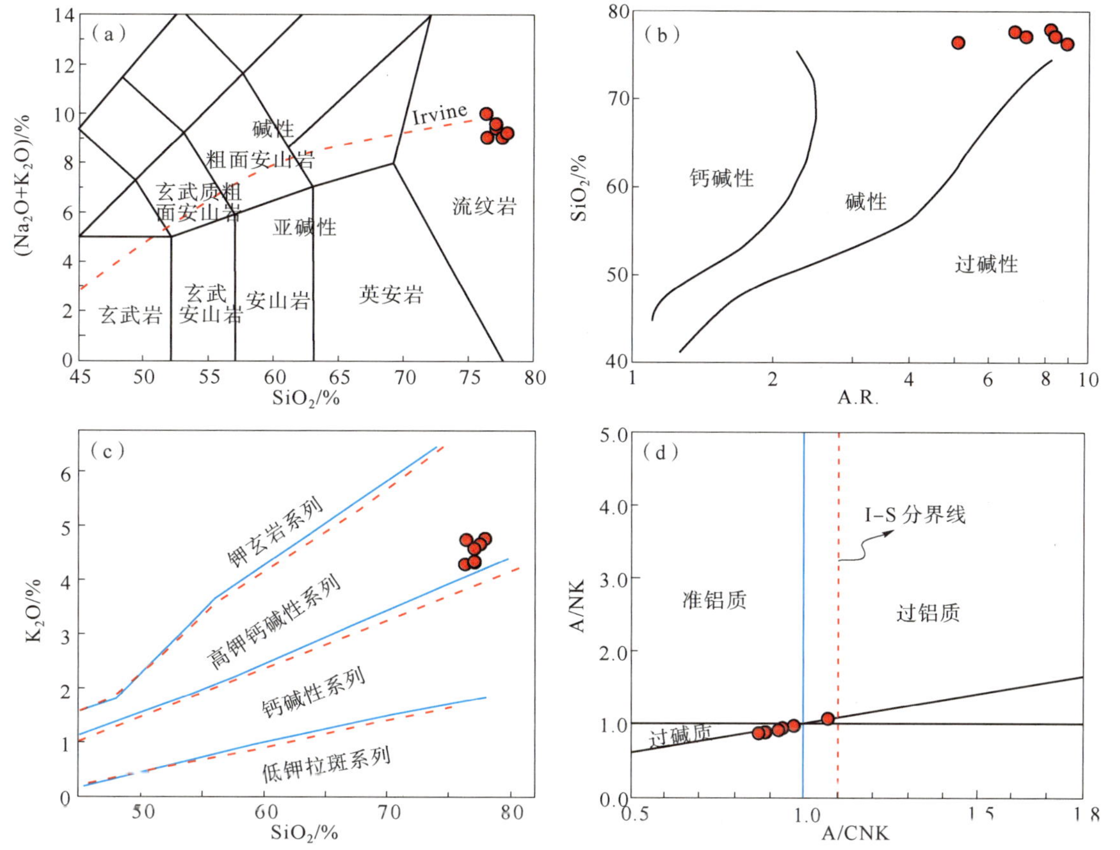

图 5.6　灵山岛早白垩世流纹岩主量元素地球化学图解

(a) SiO_2-(Na_2O+K_2O) 图解（TAS 图解）（据 LeBas et al., 1986）；(b) SiO_2-A. R.（碱度率）图解（据 Wright, 1969）；(c) SiO_2-K_2O 图解（据 Peccerillo and Taylor, 1976）；(d) A/CNK-A/NK 图解（据 Maniar and Poccoli, 1989）

流纹岩的稀土总量（∑REE）为 77.42×10^{-6}~139.79×10^{-6}，平均为 108.38×10^{-6}，轻稀土（LREE，La—Eu）与重稀土（HREE，Gd—Lu）比值为 8.06~12.77，$(La/Yb)_N$ 比值为 4.50~11.25，均远大于 1.0，暗示轻稀土相对富集以及轻重稀土分异较为明显，稀土配分曲线为典型的右倾模式（图 5.7a）。$(Gd/Yb)_N$ 值介于 0.89~1.74，平均值为 1.28，表明中稀土（MREE）和重稀土（HREE）之间没有发生明显的分馏，暗示流纹岩成岩过程中不存在角闪石、石榴子石等矿物的结晶。另外，所有测试样品均具有强烈的 Eu 负异常（Eu/Eu^*=0.27~0.35），暗示成岩过程中可能存在斜长石的分离结晶。在原始地幔标准化微量元素蛛网图上（图 5.7b），所有样品均亏损 Nb、Ta、Ti、P 等高场强元素，富集 K 和 Rb 等大离子亲石元素。Ba 和 Sr 的负异常和成岩过程中长

石的分离结晶有关。结合稀土元素配分模式，灵山岛流纹岩显示出弧型（壳源）岩浆岩的地球化学特征（Kelemen et al.，1990）。

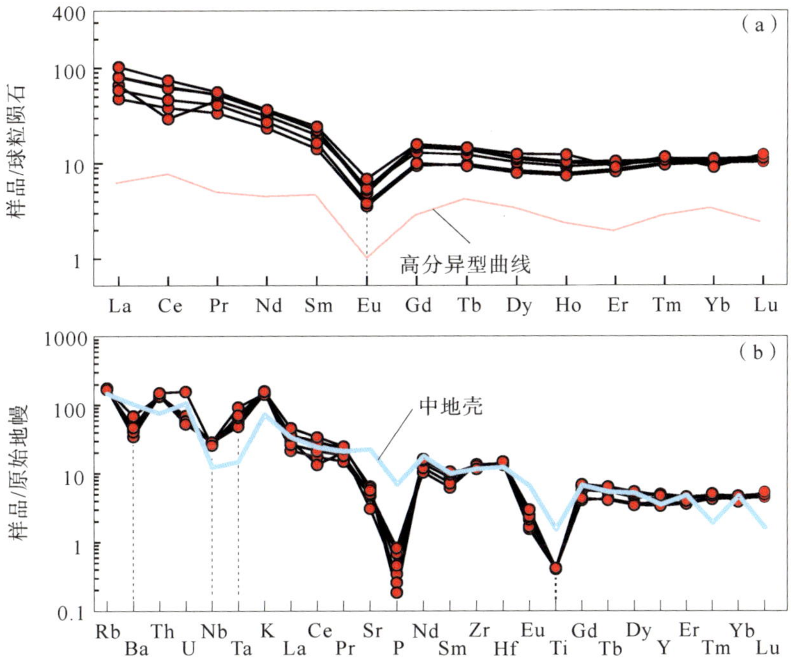

图 5.7 灵山岛早白垩世流纹岩微量元素配分图

（a）灵山岛流纹岩稀土元素球粒陨石标准化配分曲线（标准化值据 Boynton，1984；高分异型稀土配分曲线据孙涛等，2003）；（b）灵山岛流纹岩微量元素原始地幔标准化蛛网图（标准化值据 Sun and McDonough，1989；中地壳组分数据来自 Rudnick and Gao，2003）

5.1.4 岩石成因分类

同花岗岩类一样，流纹岩也可以分为 S、I、A 和 M 4 种类型（Pitcher，1983；White and Chappell，1983；Eby，1992）。S 型流纹岩通常来自表壳沉积物的部分熔融，具有高的 Al、K 和 Th 含量，并具有钾质岩石的地化特征（通常 K_2O/Na_2O 大于 1），常见白云母、堇青石和石榴子石等过铝质矿物（Chappell，1999；Chappell and White，2001）。I 型流纹岩通常具有低的 Al 含量以及 A/CNK 比值（<1.1），可见角闪石、黑云母等暗色矿物斑晶，缺乏过铝质矿物。M 型流纹岩通常具有高的 Cr、Ni 和 Co 含量，并在空间上通常与镁铁质岩石相伴生，通常作为镁铁质岩石的附属产物。A 型流纹岩通常形成于高温、无水和非造山的伸展环境，以高硅、富钾、低钙和低磷为特征，具有明显的 Eu 负异常（Loiselle and Wones，1979；Eby，1990；赵振华，2016）。灵山岛部分流纹岩样品具有 A 型流纹岩的地球化学特征（图 5.8a，b），其产出环境似乎也与早

白垩世时区域上的伸展环境相一致。但是除了地球化学特征外，A 型流纹岩通常具有高的全岩锆饱和温度（>850 ℃）（King et al.，1997）和高的全铁含量（FeO^T>1%）（王强等，2000）。而灵山岛流纹岩具有低的全岩锆饱和温度（762~779 ℃）（图 5.8c）和低的 FeO^T（<1%）含量，与 A 型流纹岩的特征不相符（王强等，2000；贾小辉等，2009）。此外，SiO_2-FeO^T/MgO 图解显示（图 5.8d），灵山岛流纹岩均落在 I & S 型区域，而非典型的 A 型流纹岩。结合 CIPW 计算结果以及矿物学和岩石学特征，灵山岛流纹岩不属于 S 型流纹岩（CIPW 计算结果显示刚玉的含量为 0~0.84%，平均值为 0.12%）。判别图解显示（图 5.8e，f），灵山岛流纹岩为典型的高分异型流纹岩，这也与微量元素蛛网图解中具有四分组效应的高分异型花岗质岩石具有相似的配分曲线（图 5.7a）（海鸥型），进一步暗示了灵山岛流纹岩经历了高度的演化。综上所述，灵山岛流纹岩为典型的高分异型 I 型流纹岩，这一结论更新了前人的有关认识，进一步深化了对流纹岩岩石成因的理解。

5.1.5 岩石成因及岩浆源区特征

灵山岛流纹岩具有相对高的碱含量（Na_2O+K_2O 含量为 9.06%~10.0%）。通常高碱的长英质岩浆主要有以下几种成因：①没有遭受到壳源物质混染的幔源岩浆的结晶分异；②遭受到挥发分交代的壳源岩浆的部分熔融；③幔源岩浆和壳源岩浆不等比例的混合；④富集岩石圈地幔的部分熔融。灵山岛流纹岩分布规模较大，并且在时空上缺乏相应的镁铁质岩石组合，因此不可能为幔源镁铁质岩浆分异演化后期残余熔体结晶的产物。通常情况下，流纹岩并不能由幔源岩浆直接分异形成，玄武质幔源岩浆结晶分异通常形成安山质岩石（Hirose，1997；敖文昊等，2018）。此外，低的稀土元素含量以及配分模式和其他地球化学特征也不支持流纹岩是镁铁质岩浆结晶分异形成的。灵山岛流纹岩具有高的 SiO_2（75.64%~77.30%）含量，低的 MgO（0.09%~0.15%）、$Fe_2O_3^T$（0.83%~0.94%）、Cr（0.53×10^{-6}~2.3×10^{-6}）和 Co（0.06×10^{-6}~0.12×10^{-6}）含量以及低的 $Mg^\#$值（17.83~27.53<40），暗示其应来自纯壳源物质的部分熔融（图 5.9），幔源物质可能没有参与其成岩。此外，原始地幔标准化蛛网图显示，灵山岛流纹岩富集大离子亲石元素（LILE）和轻稀土元素（LREE），亏损高场强元素（HFSE），也指示其与大陆地壳物质具有明显的亲缘性（Taylor and McLennan，1985）。灵山岛流纹岩的 Rb/Sr 比值介于 0.82~1.69（>0.5），Sr 和 Ba 元素在长石中表现出较高的相容性，说明岩浆形成过程中经历了长石的结晶分异作用，同时在稀

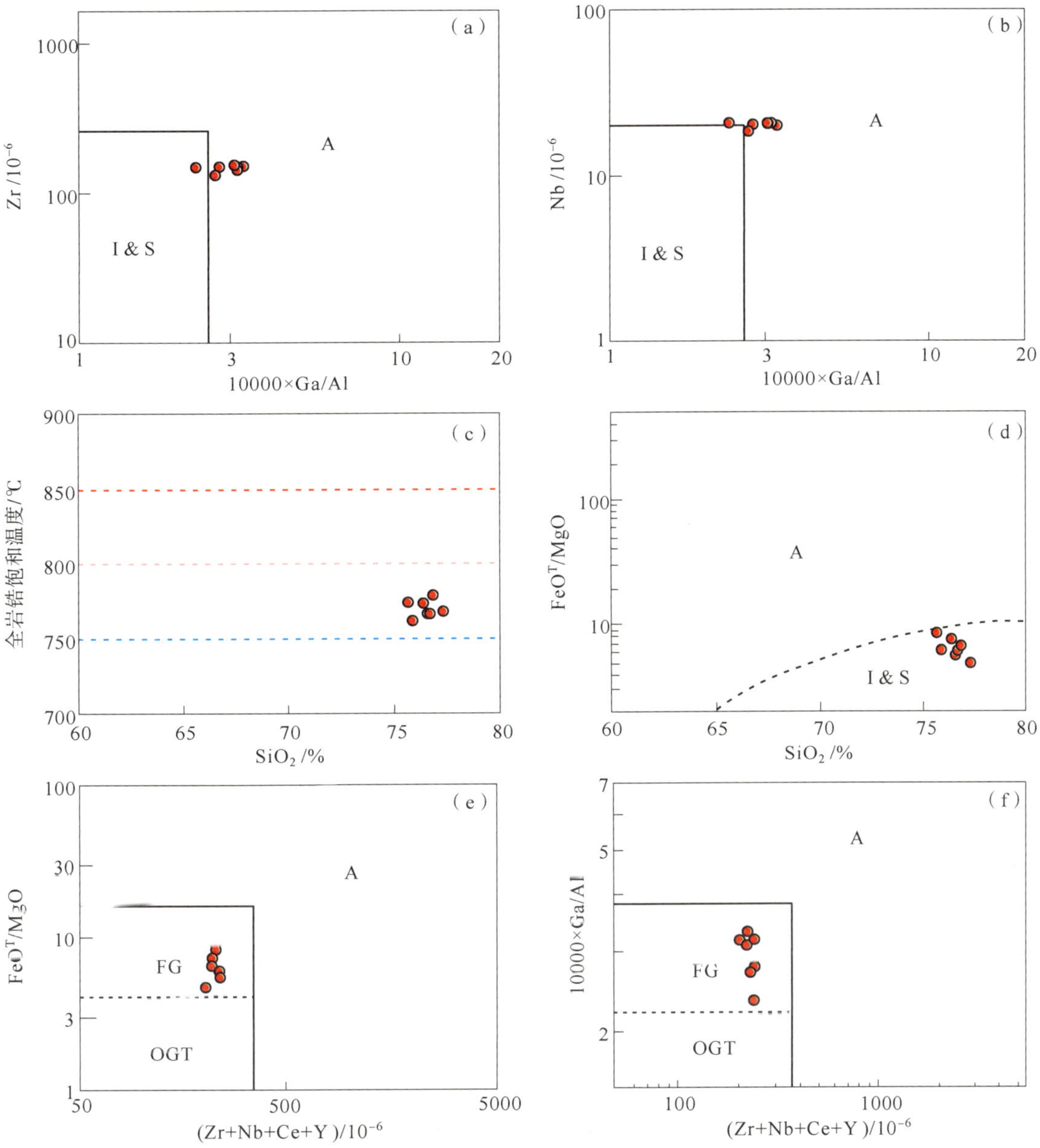

图 5.8　灵山岛流纹岩成因类型判别图解

（图（a）（b）（e）（f）据 Whalen et al.，1987；

图（c）锆石饱和温度的计算据 Watson and Harrison，1983；图（d）据 Eby，1990）

FG—高分异 I 型花岗岩区域；OGT—I，S，M 型花岗岩区域

土元素配分图中 Eu 表现负异常，也说明其成岩过程中长石的结晶分异作用非常明显。Ti/Y 比值介于 23.36～34.12（<100），Ti/Zr 比值处于 3.46～4.17（<20），均处于壳源岩浆的范围内（Pearce et al.，1983；Tischendorf and Paelchen，1985；Wilson，

1989；苟军等，2010），进一步说明其应该是陆壳岩石部分熔融的产物。锆石 Hf 同位素显示，流纹岩的 $^{176}Hf/^{177}Hf$ 组成较为均一（0.281805～0.282032），$\varepsilon_{Hf}(t)$ 值变化范围为-32.3～-24.1，主要集中在一个较小的范围内（图 5.4a），同样暗示成岩过程缺乏幔源物质的参与，否则 Hf 同位素组成将会显示出一个较大的变化范围（Griffin et al.，2002）。因此，灵山岛流纹岩可能是软流圈地幔物质上涌、底侵，导致上覆古老地壳物质在浅部伸展环境下，经部分熔融产生的岩浆经历了高程度的分异演化而形成（敖文昊等，2018）。

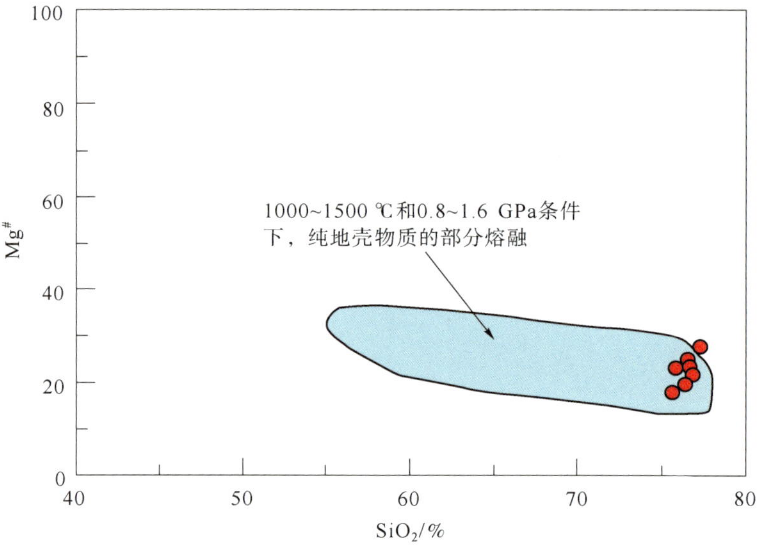

图 5.9　SiO_2-$Mg^{\#}$判别图解

（底图据 Rapp and Watson，1995）

新元古代的继承性锆石暗示了灵山岛流纹岩来自扬子板块壳源物质的部分熔融，而非华北板块的壳源物质（图 5.3）。此外，锆石氧同位素的差异也是区别华北板块和扬子板块最为重要的指标之一。大量的研究表明，低的 $\delta^{18}O$ 值和新元古代（700～800 Ma）的继承性锆石是扬子板块陆壳两个最为重要的识别标志（Zheng et al.，2003；Zhao and Zheng，2009；Zheng，2012；徐扬等，2011；Zhang and Zheng，2013；代富强，2017；Zhao et al.，2017）。低的或者负的 $\delta^{18}O$ 值表明新元古代时，扬子板块北缘为典型的大陆裂谷环境，高温的水岩反应是形成低或者负的 $\delta^{18}O$ 值的直接因素（Zheng et al.，2004；Zhao et al.，2017）。而灵山岛流纹岩中锆石的 $\delta^{18}O$ 值与地幔锆石的 $\delta^{18}O$ 值相一致（5.3‰ ± 0.3‰）（图 5.5）。很明显，流纹岩中锆石的氧同位素和苏鲁大别造山带中 UHP 变火成岩的氧同位组成明显不一致。UHP 变火成岩的锆石通常具有相对较广的锆石氧同位素变化范围（-11‰～10‰），并且绝大多数变火成岩具有负的或者

明显低的 $\delta^{18}O$ 值（Zheng et al.，2004；Zhang and Zhao，2013；Zhao et al.，2017）。Zhang 和 Zheng（2013）认为 UHP 变火成岩低的或者负的 $\delta^{18}O$ 值暗示了其源岩可能形成于一个相对浅的深度，并且经历了高温水岩反应。如果岩石来自 UHP 变质火成岩的部分熔融，将会继承变火成岩低的或者负的 $\delta^{18}O$ 特征（Hoefs，2009；Zhang and Zheng，2013）。灵山岛上流纹岩氧同位素明显不同于新元古代的变火成岩，因此，在苏鲁造山带中新元古代的 UHP 变火成岩不可能是流纹岩的岩浆源区。灵山岛上流纹岩具有与正常地幔值相一致的锆石 $\delta^{18}O$ 值，暗示了流纹岩的原岩没有经历过明显的高温水岩反应，形成于一个较深的环境。因此，其锆石保留了地幔锆石的氧同位素特征。前人研究表明，部分早白垩世花岗岩也具有正常地幔值的氧同位素特征（Zhao and Zheng，2009；张娟，2011；Zhao et al.，2017）。因此，研究区流纹岩可能和具有正常地幔氧同位素值的花岗岩具有相似的源区。此外，流纹岩显示出准铝质的地球化学特征（A/CNK≤1.1），结合其正常地幔值的 $\delta^{18}O$ 值，我们认为流纹岩不可能来自变沉积物的部分熔融（通常具有较高的 $\delta^{18}O$ 值>8‰），没有遭受高温水岩反应的火成岩或者变火成岩可能是其最佳的原岩。结合新元古代继承性锆石和 Hf-O 同位素特征，我们认为灵山岛流纹岩来自扬子板块壳源物质的部分熔融。

5.1.6 流纹岩成岩时的大地构造环境

苏鲁造山带早白垩世的岩浆活动被认为是华北板块和扬子板块后碰撞的产物（郭敬辉等，2005；Yang et al.，2005a，b；Xu et al.，2016）。大地构造环境判别图解显示，所有流纹岩样品均落入后碰撞板内环境（图 5.10），这与前人对花岗岩类研究的结果相一致。区域构造演化显示，中国东部地区在早白垩世时经历了大规模的岩石圈拆沉。变质核杂岩（MCC）是区域伸展的典型产物，是岩石圈在深部减薄的浅表反映，因此能很好地反映岩石圈减薄和伸展。在苏鲁造山带中，除了岩浆作用的证据外，变质核杂岩形成的时限也能对苏鲁地区岩石圈大规模减薄的时限给出时代上的精确约束。如图 5.11 所示，大部分的变质核杂岩形成于早白垩世，并且变质核杂岩集中形成的峰期为 125～130 Ma，这暗示了整个中国东部岩石圈减薄的峰期可能开始于130 Ma。大规模的岩浆喷发和岩浆活动起始于早白垩世，这与大部分的变质核杂岩形成的时代基本相一致。早白垩世大规模的岩浆活动和变质核杂岩形成于相似的地质背景（Xia et al.，2016），均是中国东部岩石圈减薄的产物。

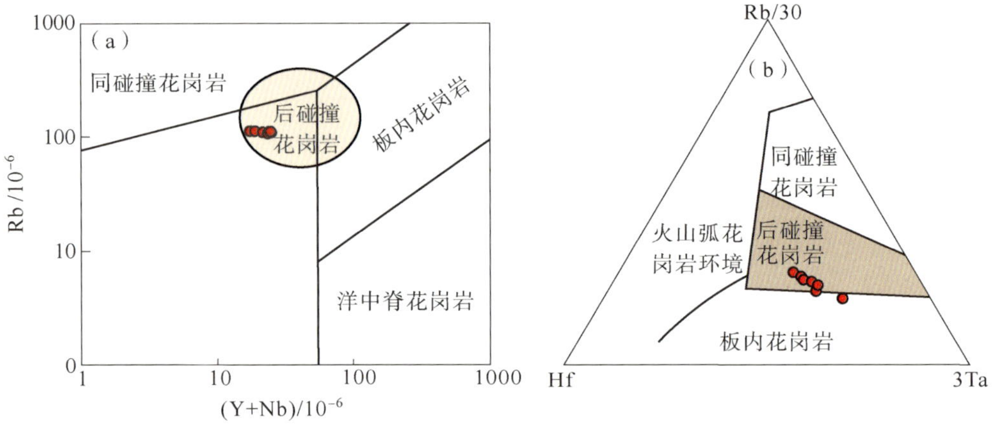

图 5.10 灵山岛早白垩世流纹岩大地构造判别图解

(a) 灵山岛流纹岩 (Y+Nb) -Rb 图解 (据 Pearce, 1995);

(b) Rb/30-Hf-3Ta 构造环境判别图解 (据 Harris et al. , 1985)

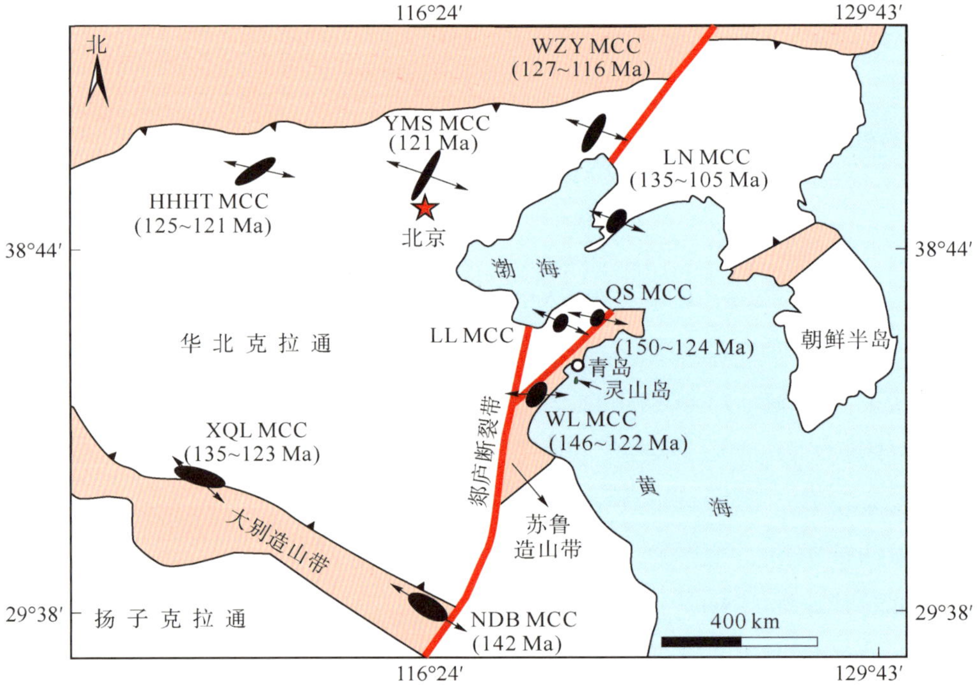

图 5.11 华北地区变质核杂岩分布图

(据 Xia et al. , 2016)

HHHT MCC—呼和浩特变质核杂岩; YMS MCC—云蒙山变质核杂岩; WZY MCC—瓦子峪变质核杂岩;

LN MCC—辽南变质核杂岩; XQL MCC—小秦岭变质核杂岩; NDB MCC—北大别变质核杂岩;

WL NCC—五莲变质核杂岩; LL MCC—玲珑变质核杂岩; QS MCC—鹊山变质核杂岩

灵山岛流纹岩形成于早白垩世 Aptian 期，这与东部地区岩石圈大规模减薄伸展的峰期时代相一致（Zhu et al.，2012）。早白垩世时，大规模的伸展和岩石圈减薄以及释压，导致来自扬子板块的壳源物质发生减压熔融形成了初始的长英质母岩浆。随后，长英质母岩浆沿着断裂体系上升到地表，形成了灵山岛的流纹岩。在上升的过程中，岩浆组分发生了进一步的分异演化，使得其表现出典型的高分异岩石的地球化学特征。岩石圈减薄和相关断裂构造为岩浆的上升提供了通道与最终侵位的空间。另外，结合区域地质特征，近乎同时代的花岗岩和流纹岩之间是什么关系？结合地球化学特征，我们认为苏鲁造山带中段地区长英质岩石具有相似的岩浆源区，均来自扬子板块陆壳物质的部分熔融，成岩时为典型的晶粥模式，其中花岗岩类主要以晶粥体的形式产出，而流纹岩多为晶粥体上覆的残留熔体。在后期区域伸展的背景下，晶粥体中的残余熔体则会顺着断裂上升到地表，形成流纹岩。

5.2 灵山岛八亩地组火山岩成岩时代及岩石成因

5.2.1 八亩地组火山岩的野外分布及岩相学特征

传统观点认为灵山岛上火山岩属于青山群八亩地组（山东省地质矿产局，1991；宋明春和王沛成，2004），主要由中-酸性火山岩以及火山角砾组成。野外接触关系显示，流纹岩相对年轻，后期侵位于沉积岩和火山熔岩之间。火山岩主要由火山熔岩和火山角砾岩组成（图 5.12），火山熔岩主要包括几种不同的岩石组合，它们之间为典型的过渡接触关系，暗示了岩浆混合作用的存在。大量的火山角砾岩表明，灵山岛周缘地区存在古火山口及其附属机构。

基于岩石薄片分析，中性火山熔岩可以分为 3 组，包括玄武安山岩、安山岩和粗面安山岩。中性火山熔岩显示出典型的斑状结构，主要由较为自形的斜长石（~35%）和角闪石（~10%）组成（图 5.13）。基质主要为他形的角闪石（15%）、斜长石（15%）以及石英（10%）和少量的辉石颗粒（5%）（图 5.13c-e）。一些斜长石颗粒显示出典型的环带结构（图 5.13e）。相对偏基性的安山质岩石也具有典型的斑状结构，主要由自形和半自形的斜长石斑晶（45%）和辉石斑晶（5%~10%）组成（图 5.13d，e）。基质主要为斜长石（20%）、角闪石（10%）、石英（5%~10%）、黑云母（5%）和辉石（5%），另外，可见少量不透明的副矿物，如磷灰石和锆石。中性火山岩可见明显的气孔杏仁构造，气孔构造多被后期的方解石所充填（图 5.13f）。

图 5.12 灵山岛火山岩野外展布特征

(a) 火山角砾熔岩野外露头；(b) 火山角砾岩；(c)-(f) 火山熔岩野外露头及展布特征

5.2.2 灵山岛中性火山熔岩锆石结构特征及 U-Pb-Hf 同位素

CL 显示，中性火山熔岩的锆石为半自形—自形（图 5.14）。基于锆石的显微结构特征和形态学特征，锆石可以被分为两组类型，继承型和岩浆型（图 5.14）。CL 图像显示，所有被测锆石均为典型的棱柱状，可见较为明显的环带结构。结合锆石 Th/U 比值（Th/U > 0.4）和形态学，所测锆石均为典型的岩浆成因锆石（Hoskin and Schaltegger, 2003）。锆石 LA-MC-ICP-MS 定年结果显示，3 件代表性样品的 $^{206}Pb/^{238}U$

加权平均年龄分别为 129.0±1.6 Ma，129.8±1.5 Ma，130.0±1.0 Ma（图 5.15）。锆石 U-Pb 定年结果显示，中性火山岩属于莱阳群而不是传统观点认为的青山群（宋明春和王沛成，2004；Wang et al.，2015；周瑶琪等，2015b）。

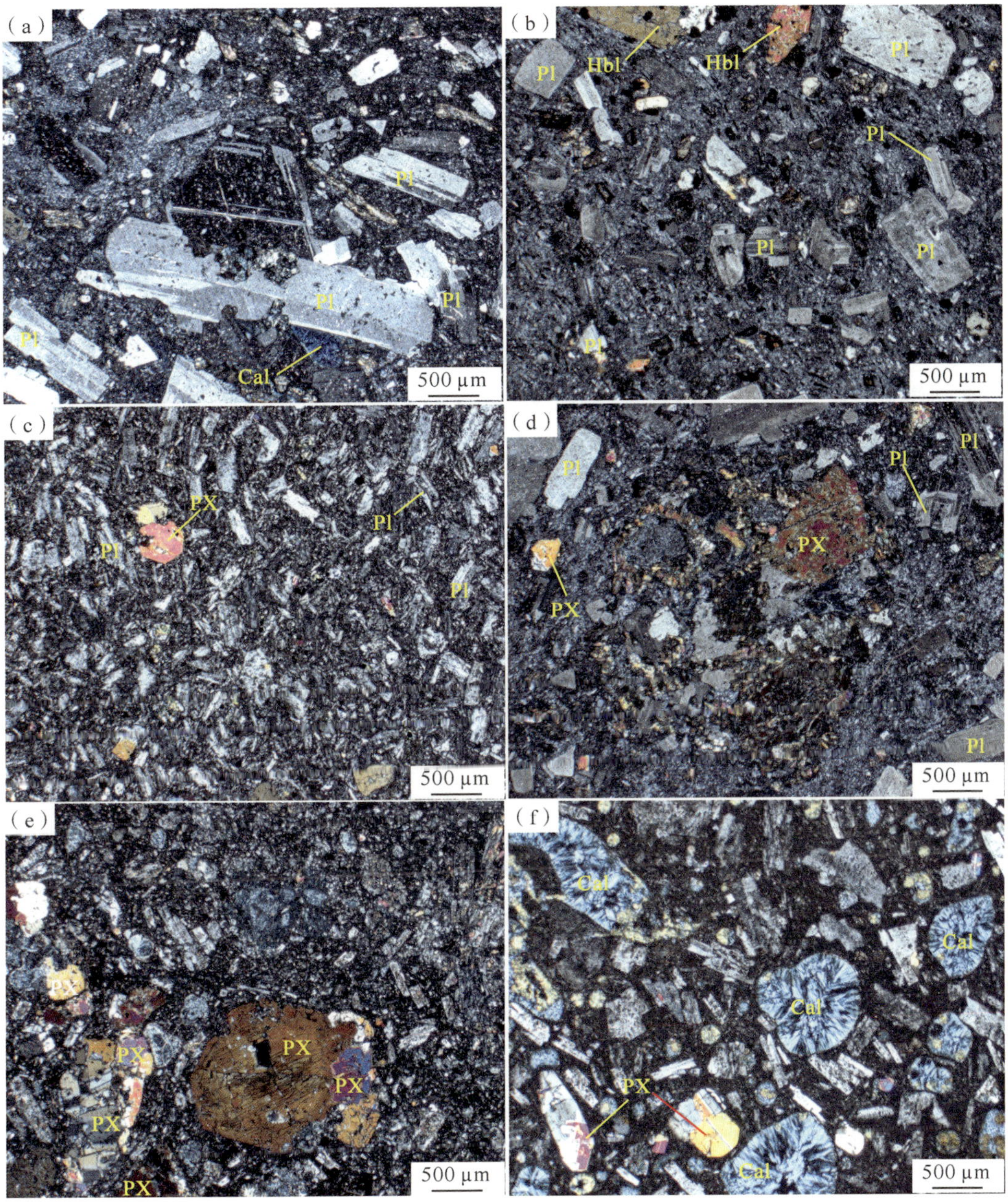

图 5.13　灵山岛早白垩世火山岩镜下显微构造特征

（a）（b）安山岩显微构造特征；（c）-（e）粗面岩和玄武安山岩野外显微构造特征；

（f）杏仁构造（气孔被方解石充填）

Cal—方解石；Hbl—角闪石；Kfs—钾长石；Pl—斜长石；Px—辉石；Qtz—石英

对中性火山岩共进行原位 Hf 同位素分析 21 个点，$^{176}Hf/^{177}Hf$ 介于 0.281939～0.282278 之间，平均值为 0.282058。安山质岩石锆石 $\varepsilon_{Hf}(t)$ 值介于 -13.96～-27.12，平均值为 -22.14，二阶段模式年龄 T_{DM2} 介于 2110～2860 Ma，平均值为 2580 Ma（图 5.16）。

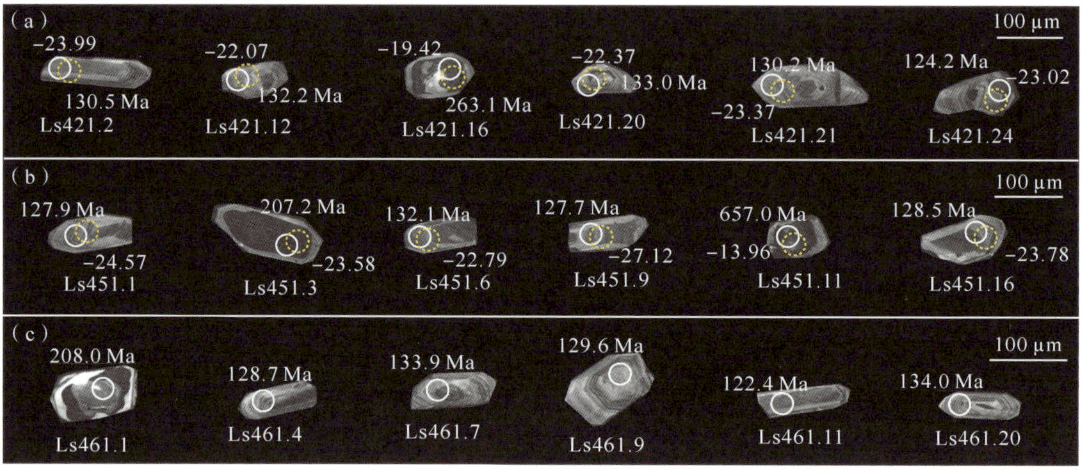

图 5.14　灵山岛中性火山熔岩阴极发光（CL）图像

白色圆圈为锆石 U-Pb 测年区域，黄色圆圈为 Lu-Hf 同位素分析区域

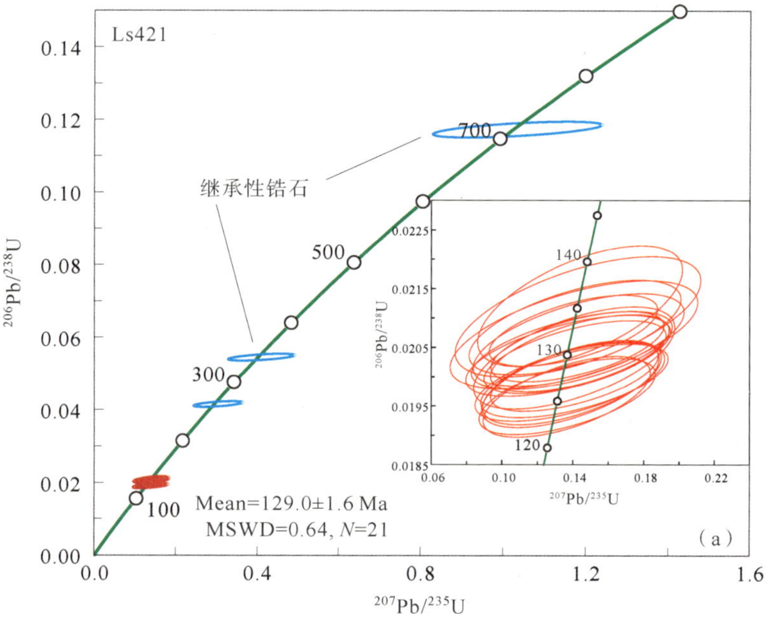

图 5.15　灵山岛早白垩世安山质岩石锆石 U-Pb 测年结果

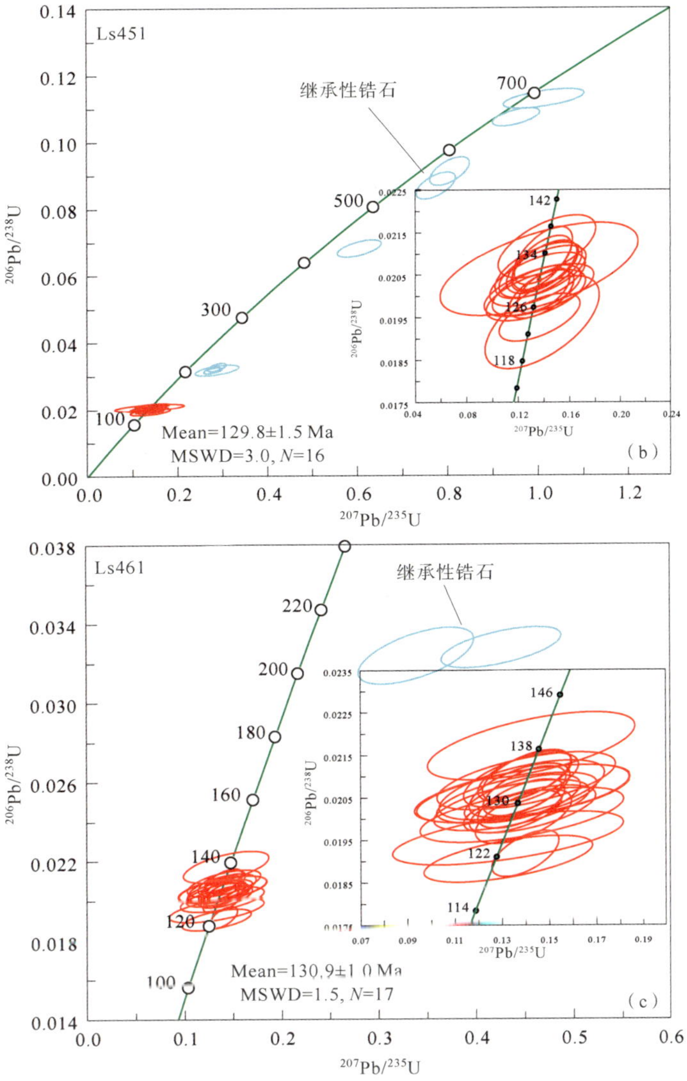

图 5.15 灵山岛安山质岩石锆石 U-Pb 测年结果（续）

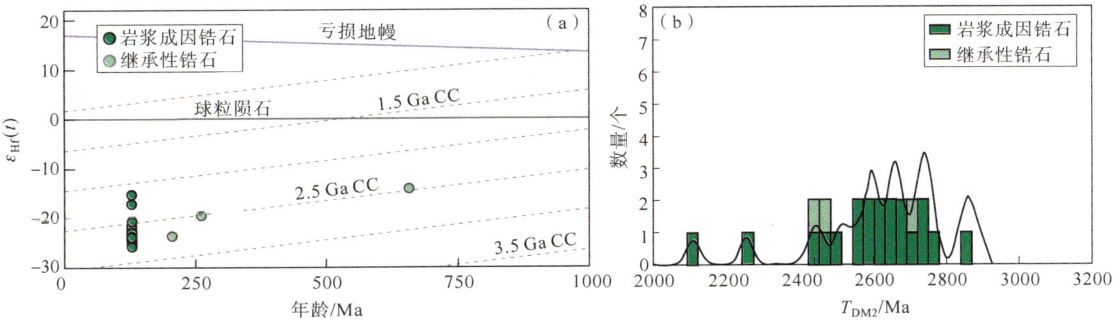

图 5.16 灵山岛八亩地组火山熔岩锆石 Hf 同位素分布特征

(a) 锆石 U-Pb 年龄-$\varepsilon_{Hf}(t)$ 值分布图；(b) 锆石二阶段模式年龄（T_{DM2}）分布直方图

5.2.3 灵山岛中性火山熔岩全岩地球化学特征

在 TAS 图解上（图 5.17a），中性岩石可以细分为玄武粗安岩、粗安岩和粗面岩。地球化学方面，所分析的中性火山熔岩却以碱性为主，并且样品均具有较高且变化的全碱含量（Na_2O+K_2O），介于 5.82%~10.47%，平均值为 8.64%。在 Na_2O-K_2O 图解上，所测样品均属于钾玄岩系列（图 5.17b）。在 Frost's（2001）分类图解上，大多数样品落入镁质范畴，不同于铁质类型（图 5.17c）。在 SiO_2-MALI 图解上，大部分火山岩样品显示出碱性的地球化学特征（图 5.17d），这与 TAS 图解的结果相一致。

标准化球粒陨石图解显示（图 5.18），火山熔岩均富集轻稀土（LREE），具有高的 $(La/Yb)_N$ 比值（2.53~28.81>1），并且 $(La/Yb)_N$ 比值随着 SiO_2 的升高逐渐变小。中性岩相对于酸性岩具有更高的 $(La/Yb)_N$ 比值，暗示其源区可能存在石榴子石，而酸性岩可能和岩浆源区中角闪石的残留有关。和流纹岩相比，中性的火山熔岩缺乏明显的 Eu 负异常，Eu/Eu^* 介于 0.81~0.93。流纹岩明显的 Eu 负异常可能和岩浆源区斜长石的残留或者分离结晶有关，而中性火山熔岩的岩浆源区缺乏斜长石的残留或者在岩浆演化过程中缺乏斜长石的分离结晶。在球粒陨石标准化稀土配分曲线中，中性火山熔岩富集轻稀土，重稀土相对亏损，显示出右倾的配分模式（图 5.18a）。在原始地幔标准化蛛网图解上（图 5.18b），中性火山熔岩均显示出明显的大离子亲石元素富集（LILE），比如 K、Rb、Th、U 等，而亏损高场强元素（HFSE）Nb、Ti、Ta 以及 P 等，显示出弧岩浆岩的地球化学特征。此外所测的样品还具有 Pb 的正异常，显示了壳源岩浆的地球化学特征。以上的地球化学特征显示了灵山岛中性火山熔岩具有弧型岩浆岩的地球化学特征，同时保留了部分壳源岩浆的特征和印记（Kelemen et al.，1990）。

5.2.4 岩石成因及构造意义

锆石 LA-ICP-MS 测年显示，灵山岛上的火山熔岩形成于 130.9±1.0 Ma，为早白垩世早期 Barremian（巴雷姆）期。很明显，这些年龄与苏鲁造山带后碰撞期岩浆岩作用的时间相一致（Zhao and Zheng，2009；张娟，2011；Zhang et al.，2010，2012；Zhao et al.，2017）。中性的火山岩均具有相似的 Hf 同位素组成和全岩地球化学特征，富集大离子亲石元素（LILE）和轻稀土（LREE），亏损高场强元素（HFSE）。这些地球化学特征与苏鲁造山带中后碰撞的花岗质岩石以及镁铁质岩石相一致（Zhao and Zheng，2009；张娟，2011；Zhang et al.，2012；Zhao et al.，2017）。因此我们认为苏鲁造山带

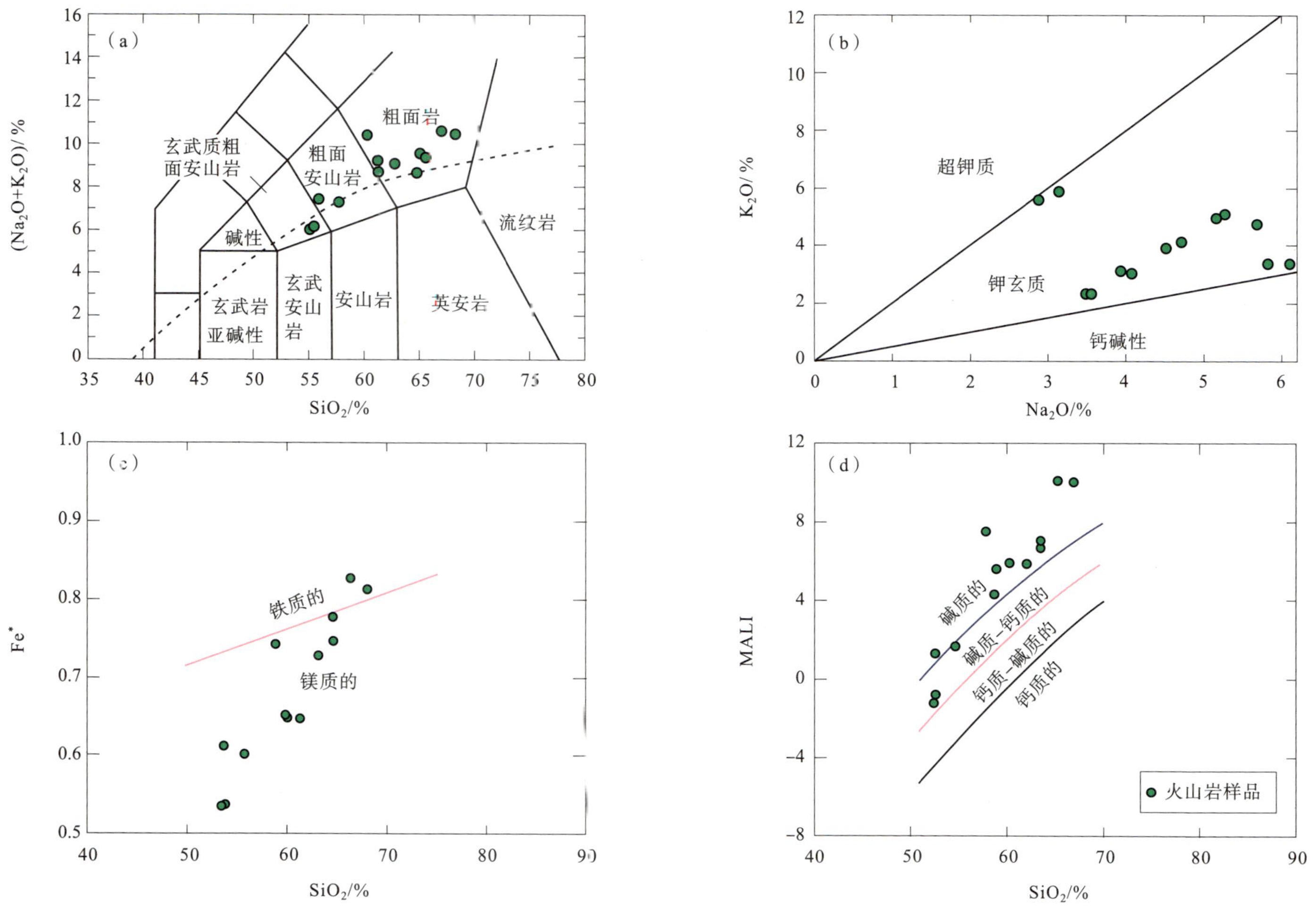

图 5.17　灵山岛火山熔岩地球化学判别图解

(a) TAS 图解（据 Irvine and Baragar, 1971; Middlemost, 1994）；(b) N_2O-K_2O 图解；(c) SiO_2-Fe^* 图解（Fe^*—$FeO^T/(FeO^T+MgO)$）；(d) SiO_2-MALI 图解（MALI—$(Na_2O+K_2O)-CaO$）

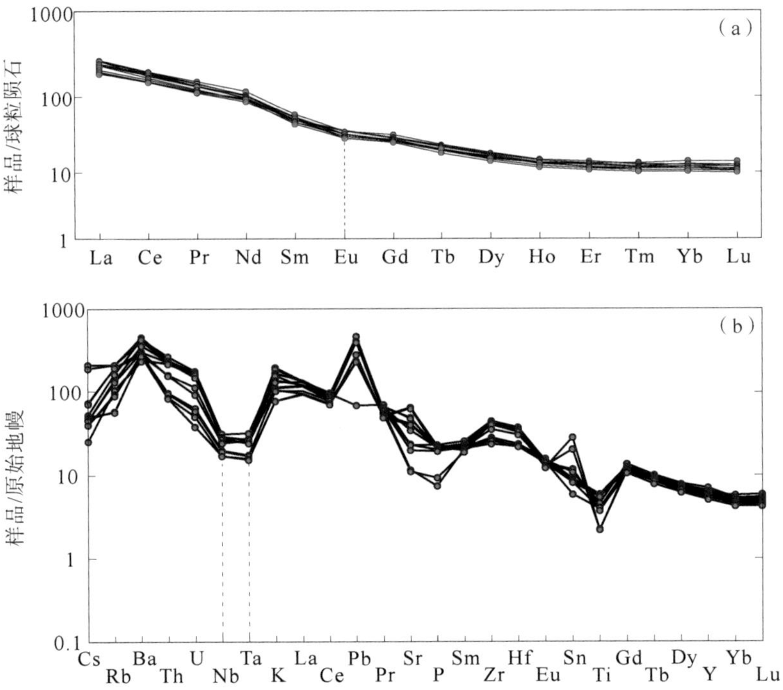

图 5.18　灵山岛早白垩世中性火山熔岩微量元素标准化配分曲线图

（a）球粒陨石标准化曲线（标准化值据 Boynton, 1984）；

（b）原始地幔标准化蛛网图解（标准化值据 Sun and McDonough, 1989）

中后碰撞火成岩可能具有相似的岩浆源区（Zhao et al., 2017）。基于前人大量的研究(郭敬辉等，2005；Zhao and Zheng，2009；张娟，2011；Zhao et al., 2017)，中性的火山熔岩可能形成于扬子板块和华北板块碰撞后的板内环境。

与酸性岩石相比，中性的火山熔岩通常具有较高的 MgO（最高可达 5.79%）和 Cr 含量（最高可到 191.8×10^{-6}）及高的 $Mg^{\#}$ 值（最高达 61）。很明显，这些地球化学特征完全和来自壳源物质部分熔融的火成岩不同，这些均已经得到实验岩石学的证实(Patiňo Douce and Beard，1995；Rapp and Watson，1995)。研究结果显示，中性火山熔岩富集轻稀土和大离子亲石元素，亏损高场强元素，具有弧型或者壳源岩浆岩的地球化学特征（Briguen et al., 1984；Kelemen et al., 1990）（图 5.18）。因此，中性的火山岩浆很可能起源于交代岩石圈地幔或者幔源岩浆遭受到强烈的地壳混染。在苏鲁造山带中，中性的（比如安山质）岩浆可能形成于以下几种模式：①遭受到长英质熔体交代的大陆岩石圈地幔的部分熔融；②镁铁质岩浆的分离结晶；③镁铁质和长英质熔体的岩浆混合；④长英质岩石在上升过程中混染碳酸盐岩。不同模式和大地构造环境形成的中性火成岩通常会具有不同的矿物学、地球化学和同位素特征以及岩石组合（Condie, 1986, 1989；徐夕生和邱检生，2010；Liu et al., 2017）。如果中性的火成岩来源于镁铁质岩石的分离结晶，通常野外可以见到不同类型岩石的组合，比如玄武岩、安山岩、英安岩和流纹岩组成的岩套。如果中性的火成岩来自岩浆混合作用，那么主量元素（比如 SiO_2、MgO）含量以及微量元素含量将会显示出较大幅度的变化。

在研究区，中性火山岩具有高的 La/Nb 比值（4.05～5.44）和 La/Ta 比值（101.89～71.92），明显高于软流圈部分熔融形成的玄武质岩浆（La/Nb<1.5 和 La/Ta<2.2）（Thompson and Morrison，1988）。这些地化特征和中国东部中生代基性岩的特征类似（Guo et al.，2001；Zhang et al.，2002b），表明中性的火山岩有可能来自交代的岩石圈地幔的部分熔融而不是软流圈的部分熔融（Miller et al.，1999）。此外，所有样品低的 TiO_2 含量（0.47%～1.27%，平均值 0.91%）也和岩石圈地幔的特征相一致。通常情况下，与岩石圈地幔相比，软流圈地幔发生部分熔融形成的熔体具有高的 TiO_2 含量（Gill，1987）。图 5.16a 显示，火山岩具有相对较低的 $\varepsilon_{Hf}(t)$ 值，暗示了中性火山岩的母岩浆很可能来自受壳源物质交代的亏损地幔的部分熔融或者来自富集地幔的部分熔融。基于华北板块和扬子板块碰撞的地质背景以及 Hf 同位素特征，我们认为形成于灵山岛八亩地组的中性火山岩可能来自陆下岩石圈地幔（SCLM）的部分熔融，后期遭受到长英质熔体的交代。随后，不均一的熔体发生部分熔融形成镁铁质岩浆，在上升的过程中与壳源岩浆发生混合产生了中性的火山熔岩。

在研究区，中性的火山熔岩主要包括玄武粗安岩、粗安岩和粗面岩（图 5.12；图 5.13）。野外露头（图 5.12）、原始地幔标准化蛛网图解和球粒陨石稀土配分曲线以及 Hf 同位素特征共同显示：玄武粗安岩、粗安岩和粗面岩来自同一个岩浆源区。在岩浆混合模拟图中显示（图 5.19），所有火山岩样品均沿着岩浆混合曲线分布，暗示了它们可能是不同岩浆端元混合的产物。此外，Langmuir 等（1978）进行岩浆混合模拟后认为，在岩浆混合的过程中，横纵坐标都是比值的话，如果横坐标的分子是纵坐标的分母，那么混合线则为曲线，如果分母相同，分子不同，混合线则为直线。灵山岛中性的火山岩样品在 $MgO/Al_2O_3-TiO_2/MgO$ 和 Dy/Cs-Gd/Cs 图解中显示出岩浆混合的过程，与 Langmuir 等（1978）研究的结果相一致。因此，以上所述的特征表明中性的火山熔岩来自不同端元岩浆的混合（长英质和镁铁质）。在本研究区，玄武粗安岩具有相对较低的 SiO_2 含量（53.44%～53.71%），也许是镁铁质岩浆和长英质岩浆混合后残余的基性端元，而粗面岩则是长英质岩石与幔源岩浆混合后酸性岩浆残余的端元。因此，来自不同端元岩浆的混合是中性火山岩形成的主要方式，这也得到了野外和 Hf 同位素的支持。此外，新元古代和三叠纪继承性锆石颗粒证实了扬子板块基底的壳源物质参与了演化。在苏鲁造山带，早白垩世的镁铁质岩石露头相对零星，主要由辉长岩、角闪岩和玄武岩组成（Liou et al.，1996；郭敬辉等，2005；张娟，2011；Zhang et al.，2012；代富强，2017）。其中一部分镁铁质岩石形成于 123～130 Ma（Zhang et al.，2012）。很明显，在苏鲁造山带镁铁质岩石和中性的火山岩具有近乎一

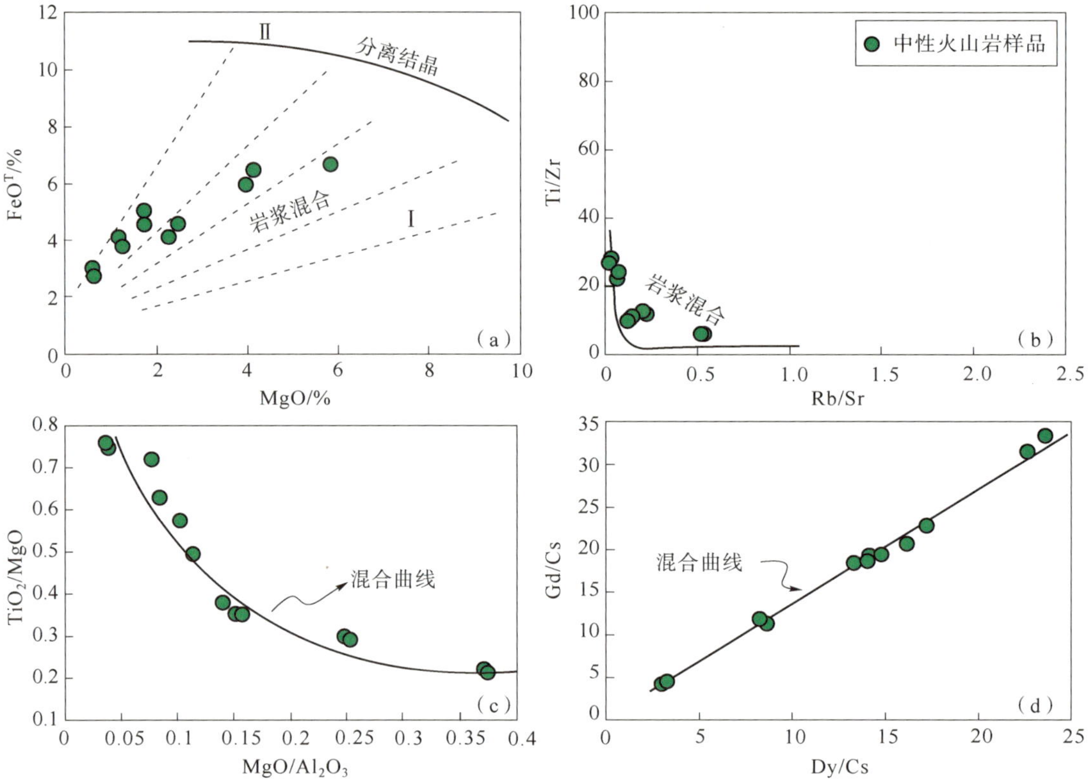

图 5.19　灵山岛早白垩世火山熔岩岩浆混合图解

(a) MgO-FeO^T图解（据 Zorpi et al., 1991）；(b) Ti/Zr-Rb/Sr 图解

（据 de Hollanda et al., 2003）；(c) MgO/Al_2O_3-TiO_2/MgO 图解；(d) Dy/Cs-Gd/Cs 协变图解

致的形成时代。此外，这些近乎同期的镁铁质岩石具有和中性火山岩相似的地球化学特征，比如轻稀土和大离子亲石元素富集，亏损高场强元素（张娟，2011；Zhang et al., 2012）。根据地球化学特征和镁铁质岩石在苏鲁造山带中的分布规律，我们认为镁铁质岩石代表了岩浆混合的基性端元，而长英质岩石代表了岩浆混合的酸性端元。基性端元主要来自富集岩石圈地幔的部分熔融，而酸性端元主要来自壳源岩浆的部分熔融。这和我们上述的讨论及描述结果相一致。地球化学方面，中性的火山岩 Nb^* 介于 0.41~0.69（<1.0；平均值 0.49），显示了壳源岩浆的亲缘性。高的 LREE/HREE 比值（介于 12.85~19.03）和高的 Ce_N/Yb_N（12.84~20.28>4.3）以及 La_N/Yb_N 比值（17.23~28.81>4.3）均反映了一个壳源岩浆的特征。结合继承性锆石和 Hf 同位素（图 5.16a，b），我们认为扬子板块陆壳物质参与了中性火山岩的岩浆演化。锆石的 $\varepsilon_{Hf}(t)$ 值介于−13.96~−27.12，平均值为−22.14，二阶段模式年龄介于 2110~2860 Ma，平均值为 2580 Ma，反映新太古代和古元古代物质参与（图 5.16b）。中性火山岩的 $\varepsilon_{Hf}(t)$ 值跨度较大，暗示了中性火山岩不是来自单一的岩浆源区。前人研究表明

（张娟，2011；Zhao et al.，2017），在苏鲁造山带，长英质岩石与镁铁质岩石相比，具有更负的 $\varepsilon_{Hf}(t)$ 组成（张娟，2011；Zhang et al.，2012；Zhao et al.，2017）。在灵山岛上，中性的火山岩样品锆石显示出 Hf 同位素的不均一性，反映了不同岩浆源区物质混合的特征。相比之下，一些中性岩低的 SiO_2 含量（53.44%）、高的 $Mg^{\#}$ 值（61）、Cr 含量（195×10^{-6}）以及富钠的特征（$Na_2O/K_2O>1$）均和岩石圈地幔的组成相一致（Rapp and Watson，1991，1995）。实验岩石学证明玄武质岩浆或者镁铁质下地壳的部分熔融不能产生高 $Mg^{\#}$ 的中酸性熔体（Patiňo Douce and Beard，1995；Rapp and Watson，1995；Patiňo Douce，1999）。如上所述，中性火山岩这种复杂的地球化学特征暗示了其岩浆源区来源于岩石圈地幔。壳源岩浆的部分熔融通常具有低的 TiO_2 含量（平均值为 0.72%）（Rudnick and Gao，2003），而来自软流圈和深部地幔的则具有高的 TiO_2 含量（平均值大于 1.27%）（Sun and McDonough，1989）。我们的研究显示，大多数样品具有高的 TiO_2 含量（平均值 0.99%），暗示了其原始岩浆形成于地球的深部环境。图 5.20 显示，火山岩样品主要分布在石榴子石+尖晶石的石榴橄榄岩熔融曲线上，表明了中性岩岩浆起源于石榴二辉橄榄岩的低程度部分熔融。基于大量的文献资料（Zhao and Zheng，2009；Zhang et al.，2012；Zhao et al.，2017），我们认为灵山岛上中性的火

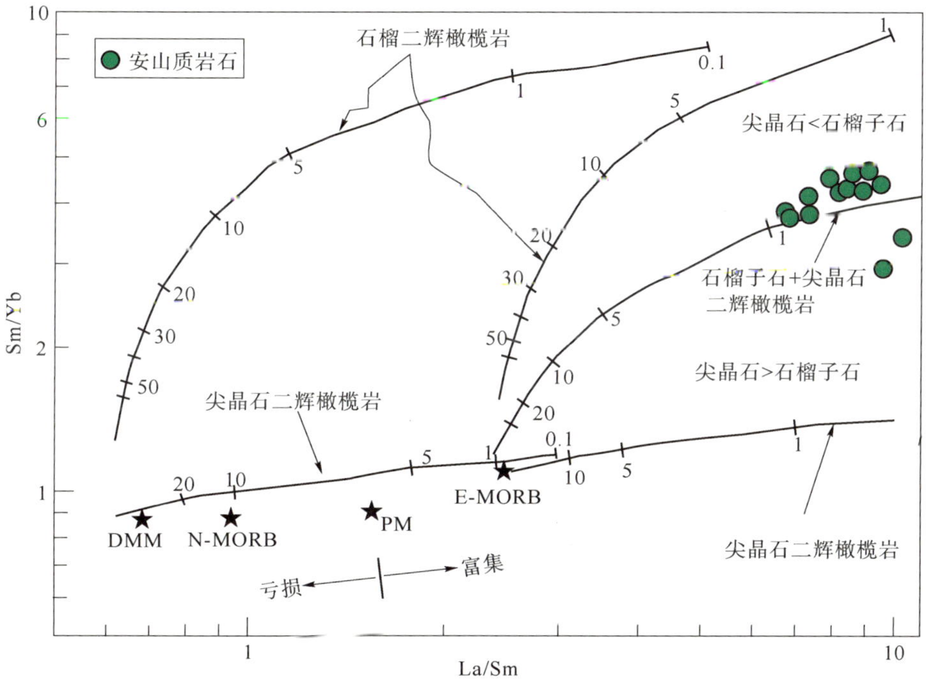

图 5.20　La/Sm-Sm/Yb 岩浆源区判别图解

（熔融模拟曲线据 Aldanmaz et al.，2000；PM，N-MORB 和 E-MORB 数值据 Sun and McDonough，1989）

PM—原始地幔；N-MORB—正常大洋中脊玄武岩；E-MORB—富集大洋中脊玄武岩；DMM—亏损大洋中脊地幔

山熔岩的源区来自地幔深部，随后与来自扬子板块的长英质熔体发生反应形成了新的不均一熔体。到了早白垩世，不均一的熔体发生部分熔融形成镁铁质岩浆。这些镁铁质岩浆在上升的过程中与壳源物质发生混合作用，形成最终的研究区内的中性火山熔岩。这种假设得到了野外证据（图 5.12e，f）和地球化学特征以及 Hf 同位素的支持。此外，这种动力学模式已经得到了同时期花岗质岩石的证实（张娟，2011；Zhang et al.，2012；Zhao et al.，2017）。

综上所述，灵山岛八亩地组中性火山岩是岩浆混合的结果。中性岩浆的原始岩浆来源于深部岩石圈地幔的部分熔融，随后该熔体遭受到了来自扬子板块壳源熔体的交代，形成了同位素上不均一的复合熔体。在早白垩世时，由于大规模的岩石圈拆沉和减薄作用，减压导致复合熔体发生部分熔融形成镁铁质岩浆。镁铁质岩浆在上升的过程中与壳源物质发生混合形成灵山岛上的玄武粗安岩、粗安岩和粗面岩组合。因此，灵山岛上的中性火山熔岩的形成经历了一个二阶段成岩的模式（图 5.21）。

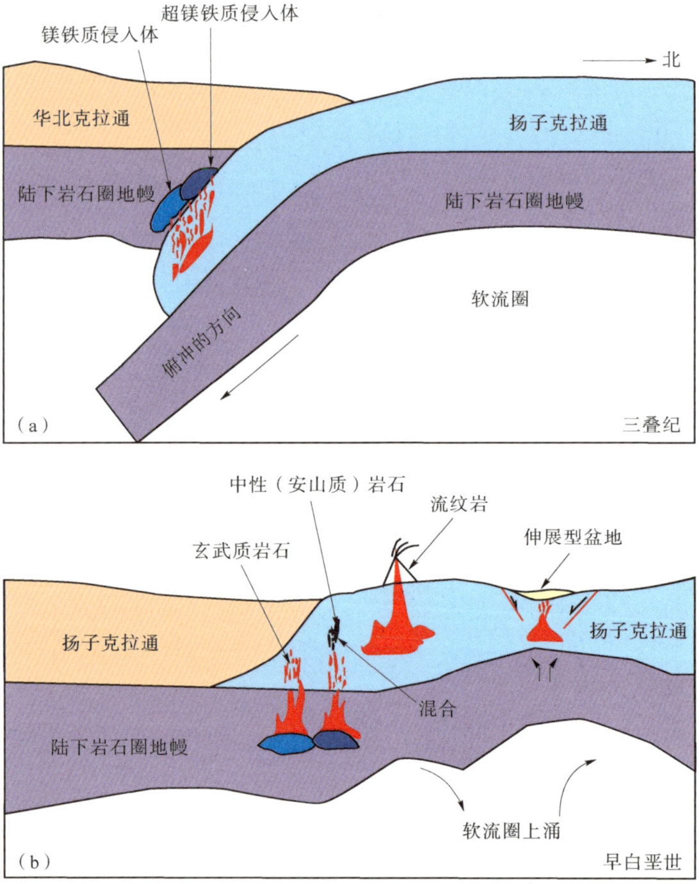

图 5.21　灵山岛早白垩世中性火山岩二阶段成岩模式图

（据张娟，2011；Meng et al.，2018；有修改）

5.3 灵山岛邻区草场村花岗岩成岩时代及岩石成因

5.3.1 草场村花岗岩野外分布及岩相学特征

研究区位于苏鲁造山带中段位置（图 5. 22a），紧邻草场村。研究区及邻区以超高压岩石出露为主（图 5. 22b），大部分区域被第四系沉积物所覆盖（图 5. 23a）。为了更好地与灵山岛上的火山岩进行对比研究，我们在新开的露头上（人工露头）厘定了一个花岗岩体（图 5. 23a，b），该花岗岩体位于青岛市胶南地区草场村南侧，采样点坐标为：北纬 35°45′53″，东经 119°43′46″。因此，新厘定的岩石露头对解决和深化苏鲁造山带形成和演化中存在的争议性问题提供了新的素材和资料。新厘定的岩体露头良好，本次研究中共搜集 20 余件代表性样品开展系统性研究。

该岩体野外整体较为新鲜，中—粗粒结构，块状构造（图 5. 23b，c），岩体中可见暗色镁铁质包体（图 5. 23c）。显微照片显示，花岗岩类主要由钾长石（55%）、斜长石（10%）、石英（20%）和黑云母（10%）以及其他副矿物等（锆石、磷灰石、榍石等）（5%）组成（图 5. 23d，e）。斜长石为半自形—自形，可见较为明显的聚片双晶（钠长石 Ab）（图 5. 23d-f）；钾长石可见卡式双晶，表面发生土化（绢云母化），为半自形—自形（图 5. 53e）；可见黑云母假象，黑云母多已蚀变为绿泥石（图 5. 23d）。另外，岩体中可见暗色微粒镁铁质包体，包体主要由半自形—自形的黑云母、角闪石以及斜长石颗粒组成。野外及镜下观测发现，暗色包体和宿主岩体具有明显的分界（图 5. 23f），在岩性接触部位，可见部分透长石晶体颗粒。此外，包体中可见针状磷灰石晶体（图 5. 23g），反映了岩浆一个快速冷却结晶的过程。显微构造进一步显示，长石和石英巨晶颗粒暗示了岩浆混合作用的存在（图 5. 23g，i）。综上，野外和室内薄片观察研究表明，所厘定的花岗质岩体为典型的二长花岗岩。

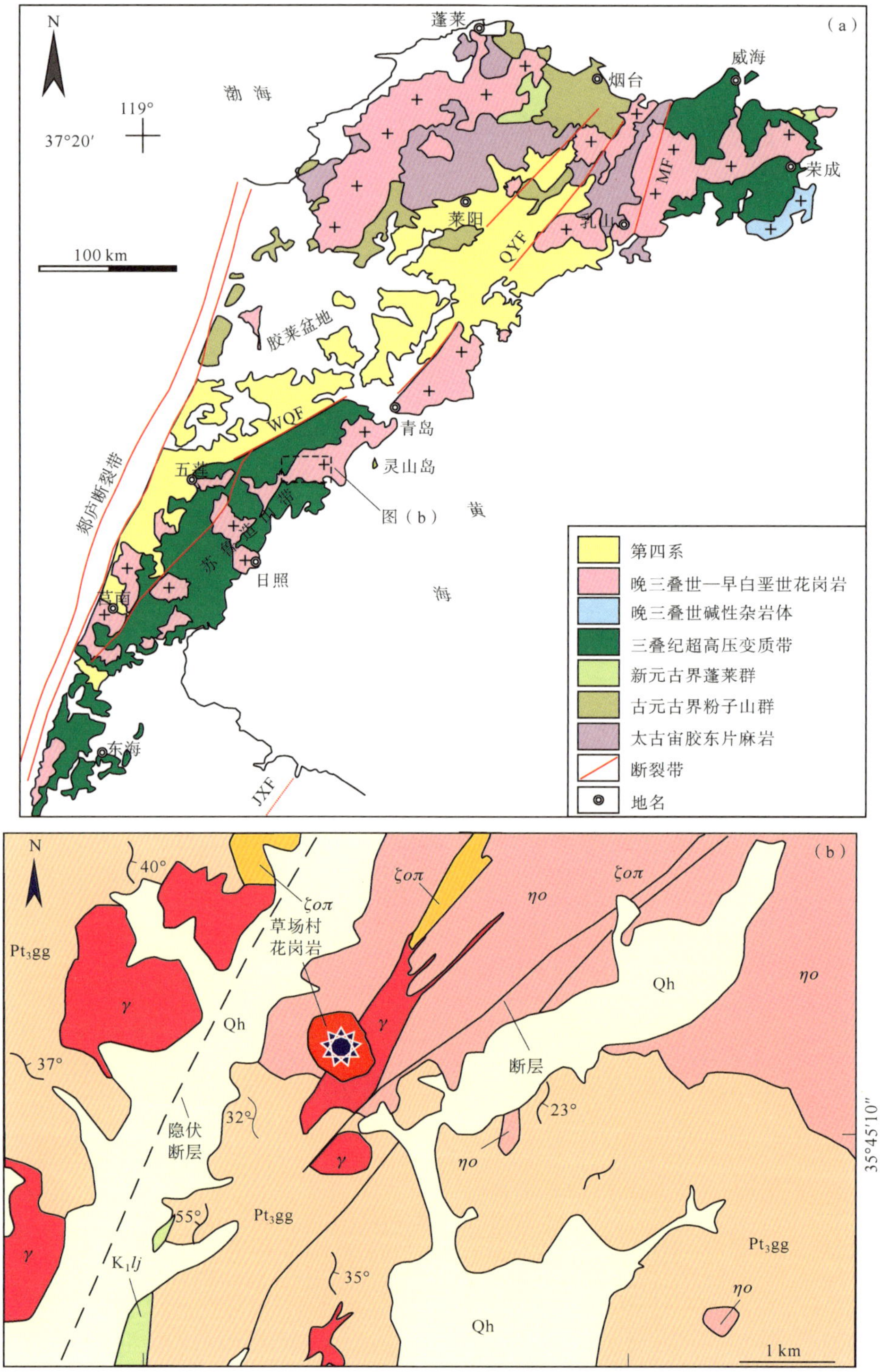

图 5.22 研究区及临区大地构造格架图

(a) 苏鲁造山带中段地质简图 (据 Yang et al., 2005a, 2005b); (b) 草场村花岗岩及邻区地质简图

Qh—第四系; γ—花岗岩类; K_1lj—林家庄组; Pt_3gg—新元古代花岗质片麻岩; ηo—石英二长岩; $\zeta o\pi$—石英正常斑岩; JXF—嘉山-响水断裂; WQF—五莲-青岛断裂; QYF—青岛-烟台断裂; MF—米山断裂

图 5.23　胶南地区草场村南花岗岩野外露头及显微结构特征

(a)(b) 花岗岩体野外人工露头；(c) 花岗岩体野外特征；(d)-(h) 镜下显微构造特征

Ap—磷灰石；Pl—斜长石；Bt—黑云母；Chl—绿泥石；Qtz—石英；Kfs—钾长石；Sa—透长石；MME—暗色微粒镁铁质包体

5.3.2 灵山岛邻区草场村花岗岩成岩时代

锆石 CL 图像显示（图 5.24），胶南草场村花岗岩体锆石为典型的自形晶，颗粒大小从 75 μm 到 150 μm 不等，长宽比约为 2∶1，部分锆石颗粒中可见明显的暗色微小包体。CL 图像显示，所测锆石均具有明显的岩浆韵律环带和高的 Th/U 比值（>0.4），为典型的岩浆成因锆石（Hoskin and Schaltegger，2003）。因此，所测锆石的 U-Pb 年龄值能较好地约束胶南草场村花岗岩体的侵位、结晶时代。

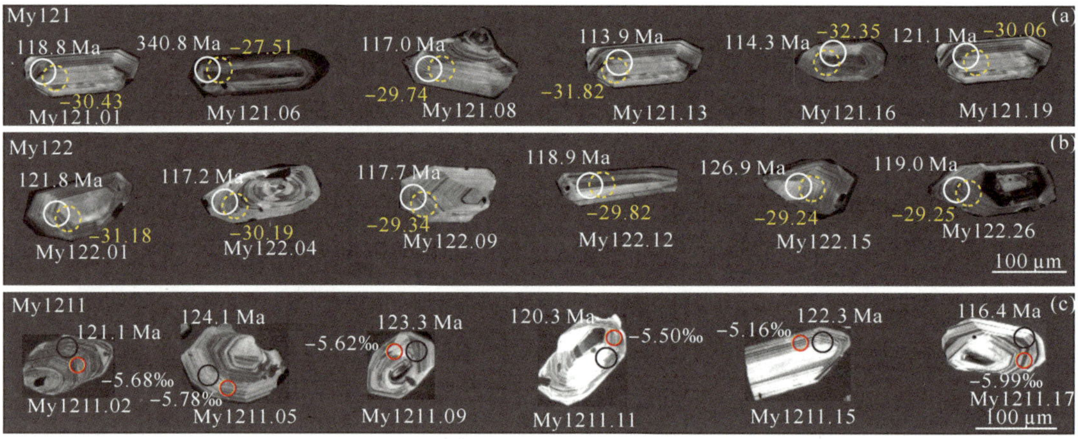

图 5.24　胶南草场村花岗岩体锆石阴极发光（CL）图像

（a）（b）白色圆圈为锆石 U-Pb 测年区域，黄色圆圈为锆石 Hf 同位素分析区域；

（c）黑色圆圈为 SHRIMP U-Pb 测年区域，红色圆圈为锆石氧同位素分析区域

对研究区 3 件样品分别进行了锆石分选和 LA-ICP-MS 以及 SHRIMP U-Pb 测试，测试过程中避开锆石中暗色包体和裂缝。样品 My121 共测试 19 个点，除去 2 个不谐和的测点外，共计 17 个有效测试点。测试结果显示（图 5.25a），样品 My121 中可见继承性锆石，该锆石的 ^{206}Pb/^{238}U 年龄为 341 Ma。除继承性锆石外，其余 16 个测试点均落在谐和曲线上（图 5.25a），表明所测锆石没有遭受明显的 Pb 丢失或者遭受后期的高温热液蚀变。16 个测点 ^{206}Pb/^{238}U 年龄介于 113.9 Ma 至 126.2 Ma 之间，加权平均年龄为 119.6 Ma（MSWD=2.7）(图 5.25b)。另一件样品也采用 LA-ICP-MS 的方法，共分析测点 26 个，除去 4 个谐和度较低的数据外，其余数据均落在谐和曲线上(图 5.25c)，表明这些锆石没有遭受明显的 Pb 丢失，其年龄可以很好地约束岩浆事件的年龄。样品 My122 中有效测点的 ^{206}Pb/^{238}U 年龄介于 114.3 Ma 至 126.9 Ma 之间，加权平均年龄为 118.7 Ma（MSWD=2.2）（图 5.25d）。此外，我们还对一件样品开展了高精度的 SHRIMP U-Pb 测年，所分析的测点均位于谐和曲线上（图 5.25e），并且对获得的 14 个有效测点的 ^{206}Pb/^{238}U 进行加权平均，获得的加权平均年龄为 121.9±1.4 Ma

(MSWD=1.4)(图 5.25f)。分析结果显示，3 件样品所取得结果在误差范围内相一致，表明了胶南草场村花岗岩体侵位结晶时间为早白垩世 Aptian 期，对应于研究区的青山期火山-岩浆作用事件。

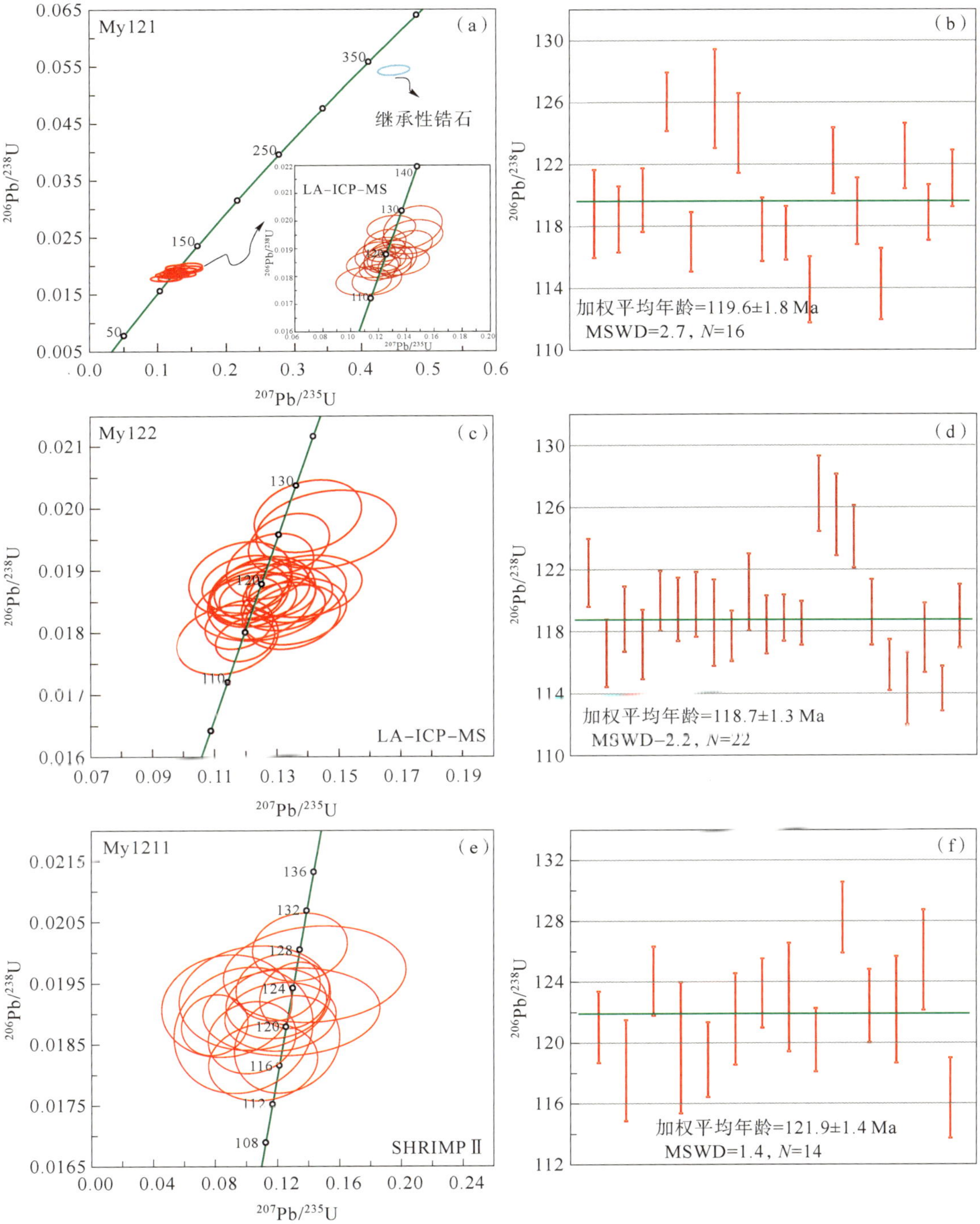

图 5.25　胶南草场村花岗岩体锆石 LA-ICP-MS U-Pb 测年谐和图和加权年龄平均图

5.3.3 草场村花岗岩锆石 Hf-O 同位素特征

对胶南草场村花岗岩体进行锆石 U-Pb 定年后，在原来锆石测年的区域或者邻近区域开展原位 Hf 同位素分析（图 5.24），样品 My121 分析测点 18 个，My122 分析测点 22 点。分析结果显示，两件样品均具有较小的$^{176}Lu/^{177}Hf$比值，其值介于 0.000621～0.00314，平均值为 0.001215，大多数测点的$^{176}Lu/^{177}Hf$均小于 0.002（图 5.26a），即由^{176}Lu衰变产生的^{176}Hf非常少。两件样品的$^{176}Hf/^{177}Hf$比值为 0.281800～0.281887，基本上代表了锆石形成时的比值，为示踪花岗岩成岩时的源区特征提供了重要的信息。两件样品的 $\varepsilon_{Hf}(t)$ 值介于-27.51～-32.35（图 5.26b），平均值为-30.21±0.33（图 5.26c），二阶段模式年龄介于 2979～3175 Ma，平均值为 3053±20 Ma（图 5.26d）。相对一致的 Hf 同位素组成和二阶段模式年龄表明，胶南草场村花岗岩体的源区相对均一，主要来自古老地壳物质的熔融。

另外，对 SHRIMP 测年的部分锆石进行了氧同位素分析（图 5.24c）。分析结果显示，花岗岩的锆石氧同位素具有相对较窄的变化范围（5.12‰～6.24‰；图 5.26e），与正常地幔锆石的数值相一致，暗示了花岗质岩石有可能来自地幔物质的二次部分熔融，即二阶段成岩阶段，仍然保留了地幔的氧同位素特征。锆石 Hf-O 同位素相关图解如图 5.26f 所示。

5.3.4 草场村花岗岩的全岩地球化学特征

为了全面了解草场村花岗岩体的成因，共采集 9 件代表性样品进行全岩地球化学分析。进行相关计算前，主量元素全部扣除烧失量（LOI），重新归一到 100%。

在 TAS 图解中，所研究的样品均落入花岗闪长岩到石英二长岩的区域（图 5.27a）。根据野外观测和镜下岩相学分析，新厘定的花岗岩体属于典型的二长花岗岩。所有样品均显示出钙碱性的地球化学特征（图 5.27b）。在 SiO_2-K_2O 图解上，所分析的样品进一步被划分为高钾钙碱性，其中一个样品落入中钾钙碱性区域，可能和后期的岩浆混合作用有关（图 5.27c）。在 A/CNK-A/NK 图解中，所测样品均显示出准铝质的特征，具有 I 型花岗岩的地球化学特征（图 5.27d）。

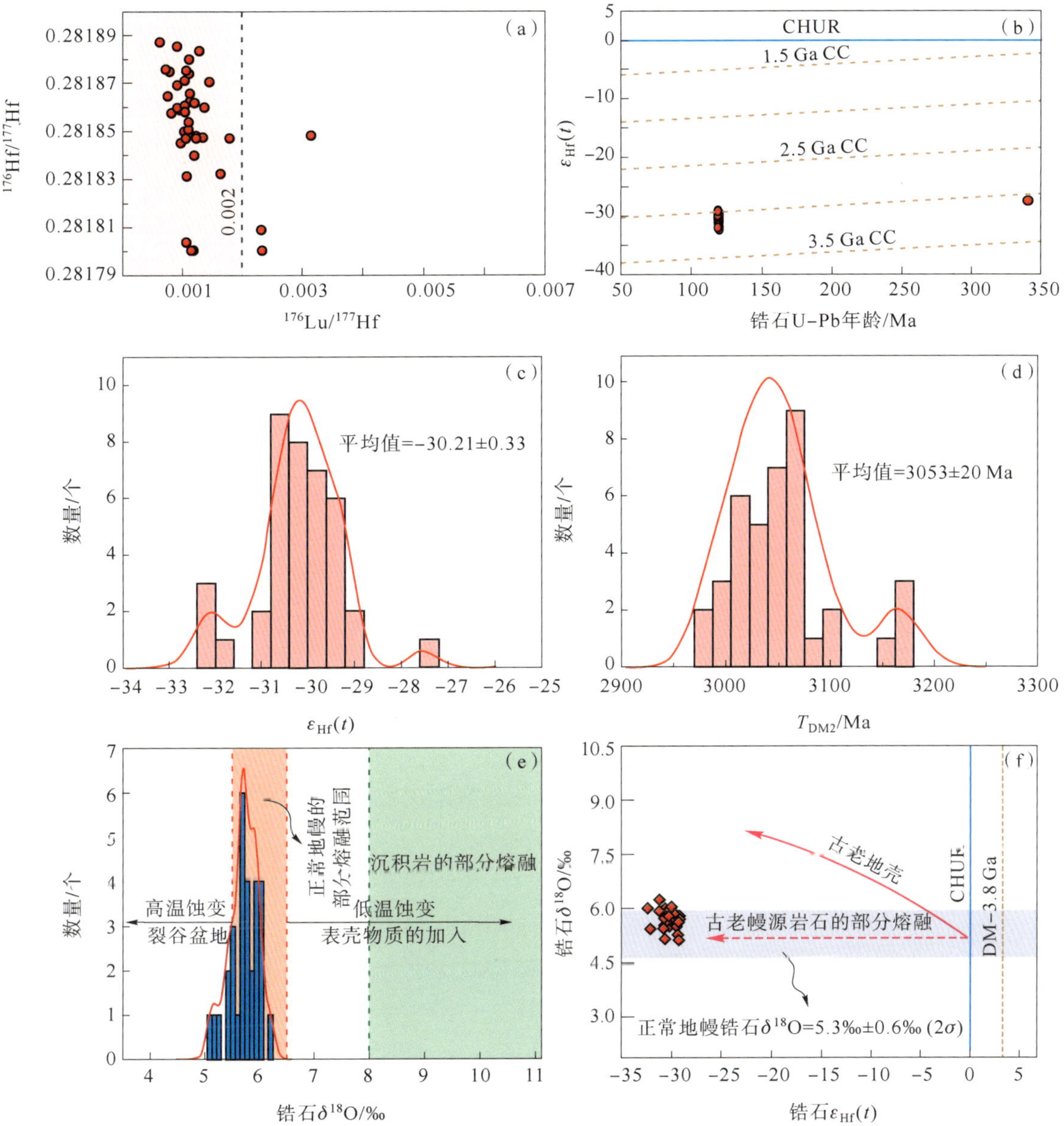

图 5.26 锆石 Hf-O 同位素特征分布图

(a) $^{176}Lu/^{177}Hf$-$^{176}Hf/^{177}Hf$；(b) 锆石 U-Pb 年龄-$\varepsilon_{Hf}(t)$ 值；

(c) 锆石 $\varepsilon_{Hf}(t)$ 值分布直方图；(d) 锆石二阶段模式年龄分布直方图；

(e) 锆石氧同位素 $\delta^{18}O$ 分布特征；(f) 锆石 Hf-O 同位素协变图解

CHUR—球粒陨石；CC—大陆地壳；DM—亏损地幔

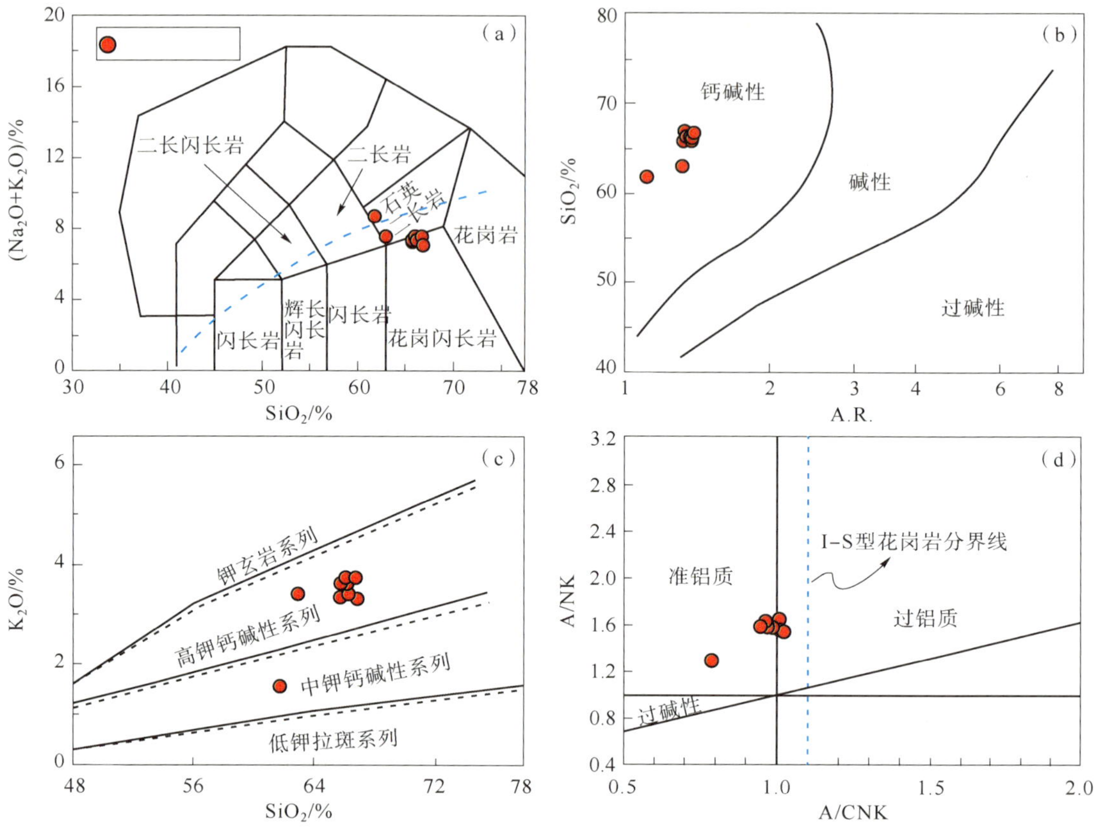

图 5.27 草场村花岗岩地球化学判别图解

(a) SiO_2-(Na_2O+K_2O) 图解(据 Middlemost, 1994;虚线为 Irvine 线,区分碱性和亚碱性,据 Irvine and Baragar, 1971);(b) 碱度率(A.R.)-SiO_2 图解(据 Wright, 1969);(c) SiO_2-K_2O 图解(据 Peccerillo and Taylor, 1976);(d) Al_2O_3/($CaO+Na_2O+K_2O$)(A/CNK)-Al_2O_3/(Na_2O+K_2O)(A/NK)图解(据 Maniar and Piccoli, 1989)

草场村花岗岩体的稀土总含量为 $143\times10^{-6}\sim188\times10^{-6}$,轻稀土(LREE)与重稀土(HREE)之比为 11.28~14.59,$(La/Yb)_N$ 比值为 14.34~21.33(远大于 1),暗示了轻稀土相对于重稀土富集(图 5.28a)。此外,所分析的样品具有弱的 Eu 异常,Eu/Eu* 为 0.76~0.82,平均值为 0.78<1,明显不同于高分异型花岗岩和 A 型花岗岩。在原始地幔标准化蜘蛛网图中,大部分样品富集大离子亲石元素(比如 Cs、K、Ba 和 LREE),亏损高场强元素(HFSE),具有弧岩浆岩的地球化学特征(图 5.28b)。另外,花岗岩样品还富集 Pb、Zr 以及 Hf,具有壳源岩浆岩的亲缘特征(图 5.28b)。综上所述,我们认为草场村花岗岩体可能来自壳源物质的部分熔融,具体成因见下面章节论述。

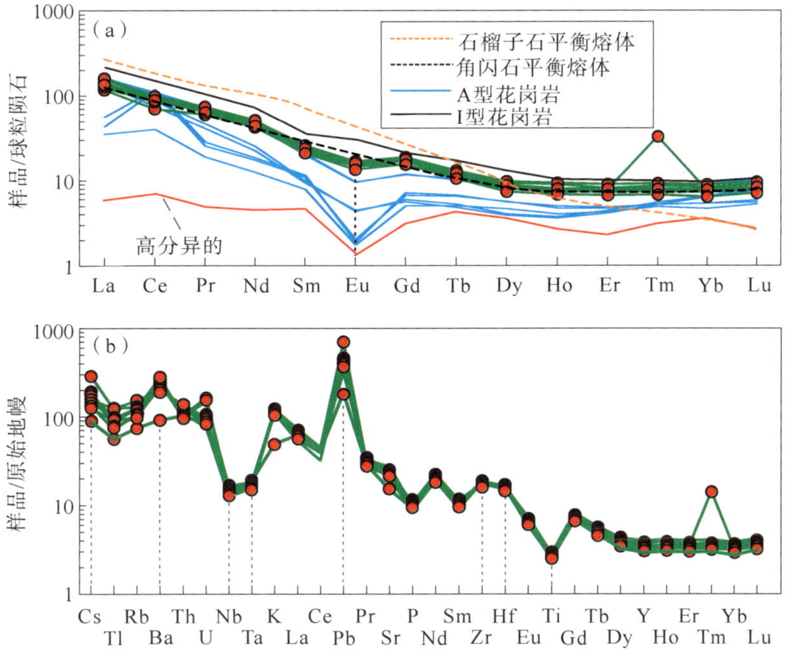

图 5.28　草场村花岗岩微量元素标准化配分图

(a) 球粒陨石标准化分配模式（标准化值据 Boynton，1984；石榴子石和角闪石平衡模拟曲线据 Moyen，2009；高分异的岩浆曲线据孙涛等，2003；A 型花岗岩曲线据 Yan and Shi，2014）；
(b) 原始地幔标准化蜘蛛网图（标准化值据 Sun and McDonough，1989）

5.3.5　草场村花岗岩的岩石类型判别

根据成因环境及岩浆源区，花岗质岩石可以细分为 M、I、A 和 S 型。A 型花岗岩通常形成于非造山的环境，比如裂谷等伸展环境，通常具有较高的成岩温度（Eby，1992；Hao et al.，2019）。另外，A 型花岗岩的两个显著特征为高碱性和不含水（很少有含水矿物）。大量的研究已经证实，中国东部地区在早白垩世时（130~125 Ma）遭受了大规模的岩石圈拆沉和减薄（Zhu et al.，2011），导致巨量的幔源岩浆底侵和大量伸展构造的形成（比如变质核杂岩）。因此，伸展型构造和携带有大量热源的幔源岩浆为 A 型花岗岩的形成提供了有利的条件。基于此，我们首先对研究区的花岗岩进行判别，即是否具有 A 型花岗岩的亲缘性。

判别图解显示，草场村花岗岩属于典型的普通类型花岗岩，排除了 A 型花岗岩的可能性（图 5.29a-c）。此外，全岩和锆石的 Ti 温度计综合显示，草场村花岗岩具有相对较低的结晶温度，与高温型的 A 型花岗岩明显不同（图 5.29d，e）（Eby，1992；

Hao et al. , 2019)。标准化图解显示，草场村花岗岩和苏鲁造山带的I型花岗岩具有相一致的稀土配分模式（图5.28a）。已有研究表明，苏鲁造山带A型花岗岩的Eu异常非常亏损，对应于高分异或者高演化程度的花岗岩类（图5.28a）。这些内在的地球化学特征显示，本次研究新厘定的花岗岩体属于I型或者S型花岗岩，而不是A型花岗岩或者高度分异的花岗质岩体。

在SiO_2-P_2O_5图解中（图5.29f），SiO_2含量的升高，P_2O_5显示出一个逐渐降低的趋势，具有和I型花岗岩演化相一致的特征。这主要是因为磷灰石在准铝—弱过铝质的I型花岗岩中的溶解度很低，它们总是优先结晶，从而使得残余岩浆的P_2O_5含量越来越低。另外，Rb-Y和Rb-Th等相关协变图解显示，草场村花岗岩为典型的I型花岗岩（图5.29g，h）。此外，低的氧同位素组成（5.12%~6.24%）直接排除了S型花岗岩的可能性（图5.26e）。众所周知，来自变沉积岩部分熔融的花岗质岩石通常具有高的氧同位素组成（$\delta^{18}O>8‰$）。此外，显微构造显示，草场村花岗岩不含过铝质矿物（比如白云母、石榴子石和堇青石）或者碱性矿物，显示出I型花岗岩的矿物组成。综上，结合岩相学、矿物学以及同位素特征，草场村花岗岩为典型的I型花岗岩，其源区可能来自变火成岩的部分熔融。

5.3.6 草场村花岗岩岩浆源区及岩石成因

相关研究已经揭示，苏鲁造山带中的花岗质岩石主要来自扬子板块壳源物质的部分熔融，这主要基于低的氧同位素特征和新元古代的继承性锆石（600~800 Ma）。然而，来自华北克拉通的火成岩通常具有高的氧同位素特征和太古宙的继承性锆石。五莲-青岛-烟台断裂通常被看作是华北板块和扬子板块的分界线（Zhou et al. , 2008）。位于断裂带以西的花岗质岩石通常具有和华北板块相似亲缘性，然而位于五莲-青岛-烟台断裂以东的花岗岩体通常在成因上和扬子板块更为密切。但是位于断裂中和断裂带周缘的花岗质岩石的成因却没有得到很好的约束。近期，Zhao等（2016）对苏鲁造山带的花岗岩进行了总结，发现位于断层分界线附近以及横穿断裂带的花岗岩均和扬子板块具有很好的亲缘性，即来自扬子板块壳源物质的部分熔融。根据Zhao等（2016）的最新认识，本次研究新厘定的草场村花岗岩体位于五莲-青岛-烟台断裂的东侧，在成因归属上和扬子板块具有更好的亲缘性。此外，太古宙继承性锆石的缺失也排除了草场村花岗岩来自华北板块部分熔融的可能性。

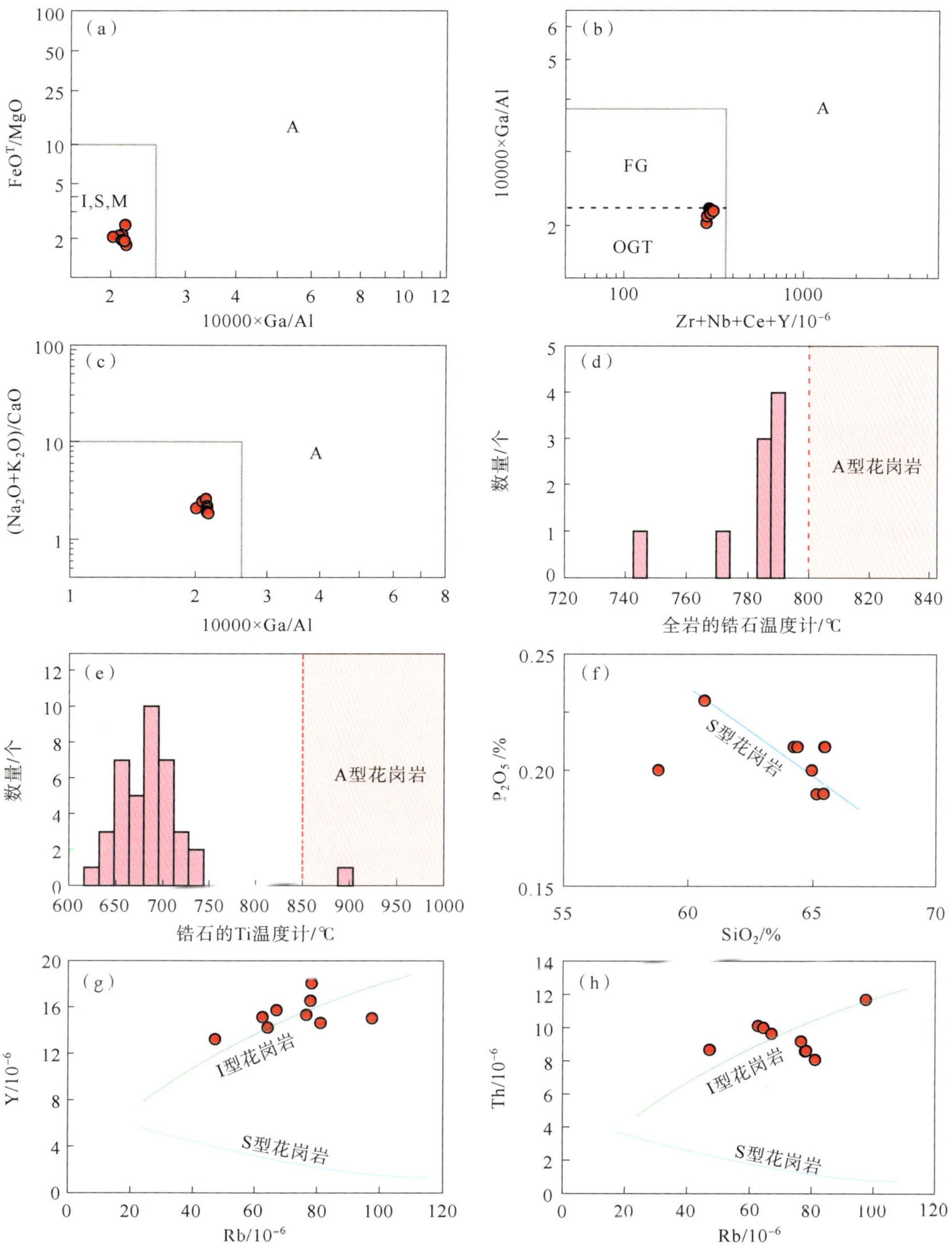

图 5.29 花岗岩类型判别图解

(a) 10000×Ga/Al-FeO^T/MgO 图解（据 Whalen，1987）；(b) Zr+Nb+Ce+Y-10000×Ga/Al 图解（据 Whalen，1987）；(c) 10000×Ga/Al-（Na_2O+K_2O）/CaO 图解（据 Whalen，1987）；(d)(e) 草场村花岗岩的全岩和锆石 Ti 温度计计算结果；(f) SiO_2-P_2O_5 协变关系图解（据 Chappell and White，1992）；(g) Rb-Y 协变图解（据 Chappell，1999）；(h) Rb-Th 协变图解（据 Chappell，1999）

锆石的 Lu-Hf 同位素在判别岩浆源区和岩石成因方面非常有效。分析结果显示，花岗岩样品具有相对均一的 Hf 同位素组成，其中 $\varepsilon_{Hf}(t)$ 值为-27.51~-32.35，显示出非常富集的 Hf 同位素组成。另外，大部分锆石显示出非常低的 $^{176}Lu/^{177}Hf$ 积累（<0.002），暗示了 ^{176}Lu 衰变产生的 ^{176}Hf 极少。因此，草场村花岗岩锆石的 Hf 同位素可以很好地代表其成岩时的成因信息。通常 $\varepsilon_{Hf}(t)$ 正值代表了地壳的生长或者新生地壳的循环，相反 $\varepsilon_{Hf}(t)$ 负值代表了古老壳源物质的熔融或者再造。草场村花岗岩具有非常低的 $\varepsilon_{Hf}(t)$ 值（-27.51~-32.35，平均值为-30.21），暗示了草场村花岗岩起源于古老地壳的部分熔融。另外，二阶段模式年龄为 2979~3175 Ma，平均数值为 3053 Ma，暗示了一个中元古代壳源物质的熔融。总之，我们认为草场村花岗岩主要来自扬子板块古老壳源物质的部分熔融，强烈富集的 Hf 同位素组成暗示了壳源物质的多次循环和再造。

扬子板块的壳源物质是草场村花岗岩的岩浆源区，而有效的判别图解进一步揭示了草场村花岗岩主要来自基性的镁铁质下地壳的部分熔融（图 5.30a，b）。与中上地壳相比，下地壳在组成上通常更为基性。结合地球化学特征以及判别图解，我们进一步认为草场村花岗岩来自扬子板块基性下地壳的部分熔融。Zhao 等（2016）研究认为，苏鲁造山带的早白垩世花岗岩通常都具有正常地幔值的氧同位素组成，这充分表明了花岗质岩石在形成时没有受到明显的大气降水影响，暗示了花岗质岩石在成岩时处于一个相对较深水的环境。如果花岗质岩石来自中上地壳的部分熔融，通常它们会遭受大气降水的影响，发生明显的水岩反应，则会形成低或者极低的氧同位素组成。在本次研究中，来自草场村花岗岩的锆石氧同位素为 5.12‰~6.25‰，与新生地壳的氧同位素组成相一致，暗示了一个幔源岩浆的同位素亲缘性（$\delta^{18}O$ = 5.3‰±0.3‰）（图 5.26e），即起源于镁铁质或者玄武质下地壳的部分熔融，并且没有显著遭受表壳物质的混染。很明显，草场村花岗岩和灵山岛流纹岩具有非常相似的氧同位素组成（$\delta^{18}O$=4.82‰~5.86‰）（图 5.5a）。

与氧同位素相比，锆石的 Hf 同位素主要在判别大陆地壳演化方面发挥重要作用。因此，Hf-O 同位素的结合在示踪岩浆源区和岩浆演化方面是一个更为有效的手段。不像氧同位素，锆石的 $\varepsilon_{Hf}(t)$ 值指示花岗岩起源于古老的壳源物质（图 5.26b），二阶段模式年龄暗示了其起源于扬子板块古老壳源岩石的部分熔融（图 5.26d）。虽然所测的锆石具有幔源锆石的氧同位素特征，然而 Hf 同位素的组成却显示了一个古老的壳源特征（图 5.26f）。通常情况下，极度富集的 Hf 同位素和古老的壳源物质有关，特别是表壳物质。相比，锆石的氧同位素对表壳物质的加入非常敏感。壳源的混染将会

引起幔源锆石 $\delta^{18}O$ 的突变。因此，图 5.26f 显示，同化混染分离结晶不适用于草场村花岗岩的成因。

锆石的 $\delta^{18}O$ 值和 $\varepsilon_{Hf}(t)$ 值之间的协变关系进一步证实前述的设想，即草场村花岗岩起源于扬子板块古老基性下地壳的部分熔融。已有研究证明，起源于亏损地幔熔融的镁铁质下地壳显示出富集的 Hf 同位素组成，暗示了其经历了相当长的演化（更长周期的衰变）或者多次的再循环。如果壳源物质没有加入或者也未曾遭受明显的低温或者高温的水岩反应，基性的镁铁质下地壳将会显示出幔源锆石的氧同位素特征。基于以上讨论，我们认为草场村花岗岩来自扬子板块镁铁质下地壳的部分熔融，其中镁铁质下地壳经历了长期的演化，在早白垩世时再次发生部分熔融形成草场村花岗岩体。

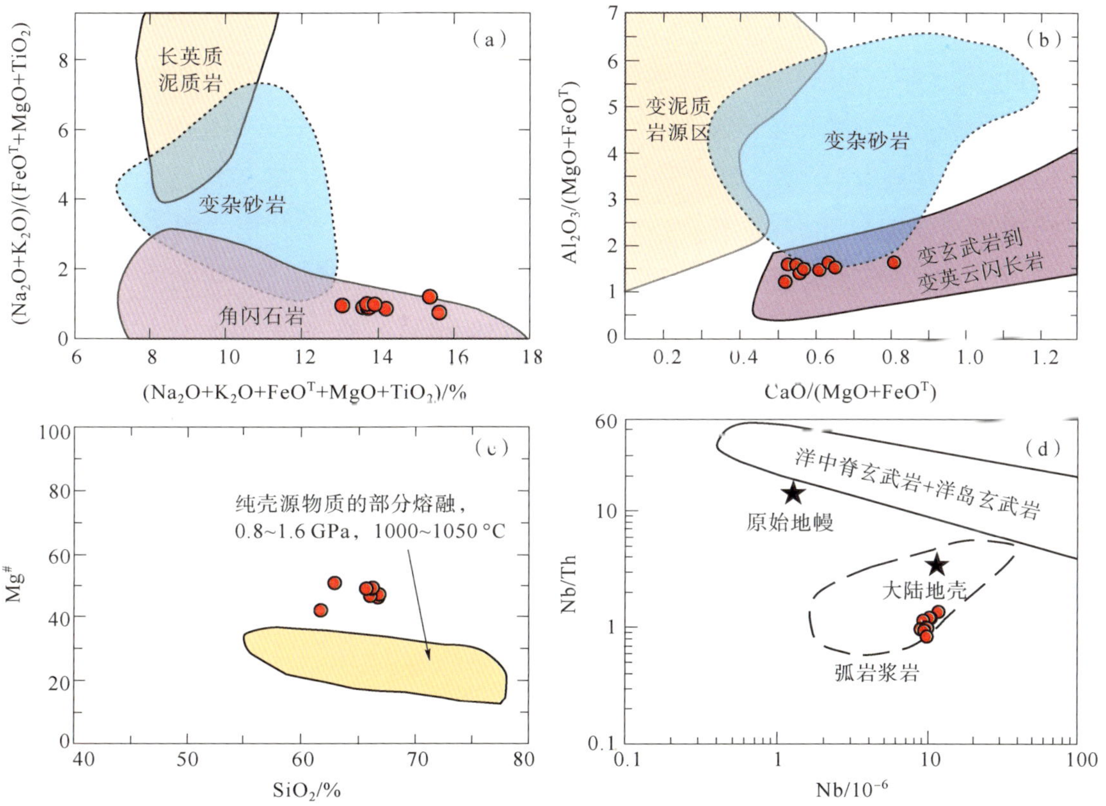

图 5.30　花岗岩成分判别图解

(a) $(Na_2O+K_2O+FeO^T+MgO+TiO_2)-(Na_2O+K_2O)/(FeO^T+MgO+TiO_2)$ 图解（据 Patiño Douce, 1999）；(b) $Al_2O_3/(MgO+FeO^T)-CaO/(MgO+FeO^T)$ 图解（据 Altherr, 2000）；(c) $SiO_2-Mg^{\#}$ 图解（$Mg^{\#}=Mg^{2+}/(Mg^{2+}+Fe^{2+})$）（据 Rapp and Watson, 1995）；(d) Nb-Nb/Th 判别图解（原始地幔数据据 Hofmann, 1988；MORB+OIB 和弧岩浆岩数据据 Schmidberger and Hegner, 1999）

实验岩石学已经证明，玄武质或者镁铁质下地壳的再次部分熔融不能产生具有高 $Mg^{\#}$熔体的岩浆（Rapp and Watson，1995）。因而，高 $Mg^{\#}$值的岩浆往往排除了纯壳源物质的熔融，表明幔源岩浆的注入。如前所述，草场村花岗岩显示出弧岩浆岩的地球化学特征，富集轻稀土，亏损 Nb、Ta 和 Ti，暗示草场村花岗岩和弧岩浆岩具有很好的亲缘性。通常情况下，来自表壳的物质也具有弧岩浆岩的地球化学特征，但不同的是，表壳物质以高的 $\delta^{18}O$ 显著高于正常地幔的锆石氧同位素特征，有别于真正意义上的来自幔源的弧岩浆。这也得到了判别图解 Nb-Nb/Th 的支持（图 5.30d），即草场村花岗岩来自大陆地壳的熔融，具有弧岩浆岩的亲缘型。

5.3.7 矿物的分离结晶

图 5.31a，c 中，TiO_2 和 MgO 与 SiO_2 之间缺乏线性的协变关系，可能表明镁铁质矿物（比如角闪石、辉石和黑云母）在岩浆演化的过程中扮演了次要的作用。虽然薄片中显示，花岗岩中存在少量的黑云母，但黑云母通常作为挥发分，代表了岩浆演化的末期产物，通常在岩浆演化过程中不作为主要矿物相存在。此外，$Fe_2O_3^T$、CaO 与 SiO_2 近水平的线性关系暗示了基性斜长石和镁铁质矿物在岩浆演化方面扮演了次要的作用（图 5.31d，f）。另外，其他主量元素 Na_2O、$Fe_2O_3^T$、Al_2O_3 和 CaO 均与 SiO_2 之间显示出良好的协变关系（相关性 $R^2>0.5$）（图 5.31b，d，f）。值得注意的是，Na_2O 和 Al_2O_3 随着 SiO_2 含量的升高显示出逐渐降低的趋势，表明了斜长石和碱性长石在岩浆源区和演化过程中的结晶分异。图 5.32a，b 中，微量元素判别图解和 Harker 图解具有非常好的一致性，即长石在花岗岩演化的过程中扮演有重要的作用（图 5.31b，e）。图 5.32c，d 显示在花岗岩演化的过程中，伴随有独居石的分离结晶。然而，稳定的 Zr/Hf 比值（39~42），暗示岩浆源区缺乏锆石的分离结晶（Linnen and Keppler，1997；Dostal and Chatterjee，2000）。

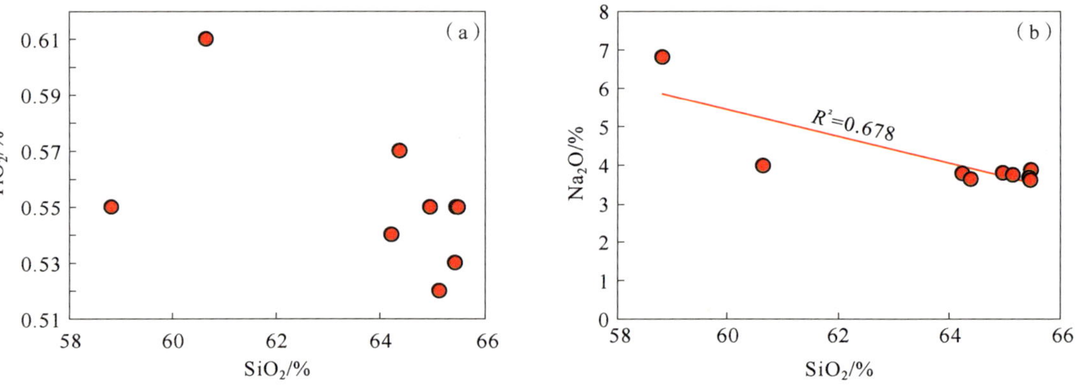

图 5.31 草场村花岗岩主量元素协变关系图解

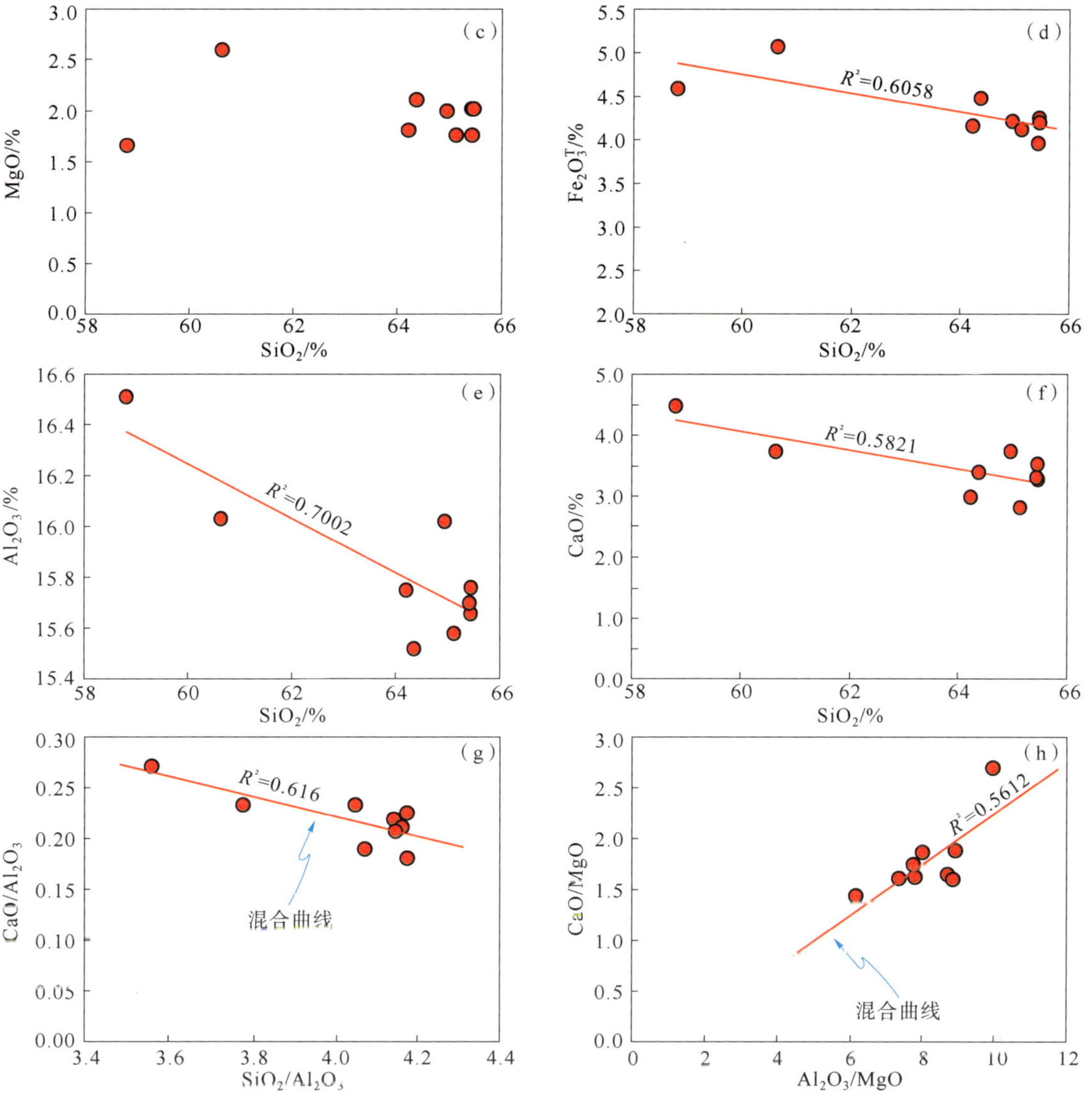

图 5.31　草场村花岗岩主量元素协变关系图解（续）

(a)-(f) 主量元素-SiO_2 哈克图解；(g) SiO_2/Al_2O_3-CaO/Al_2O_3 图解；(h) Al_2O_3/MgO-CaO/MgO 图解

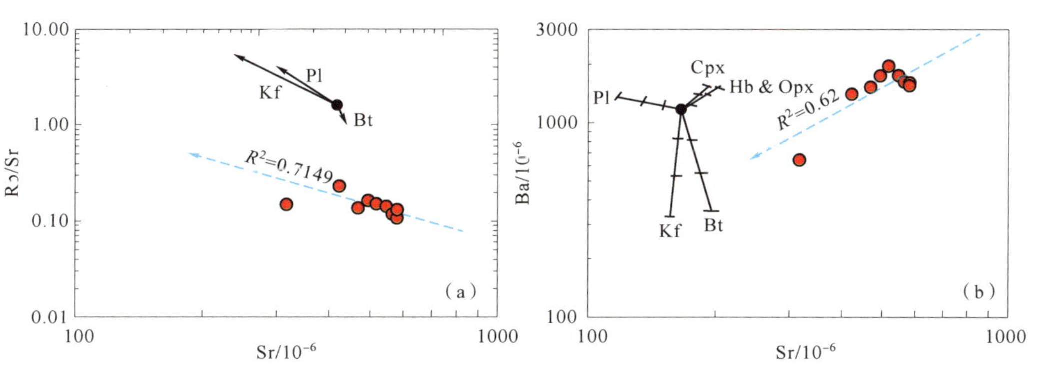

图 5.32　矿物演化趋势线

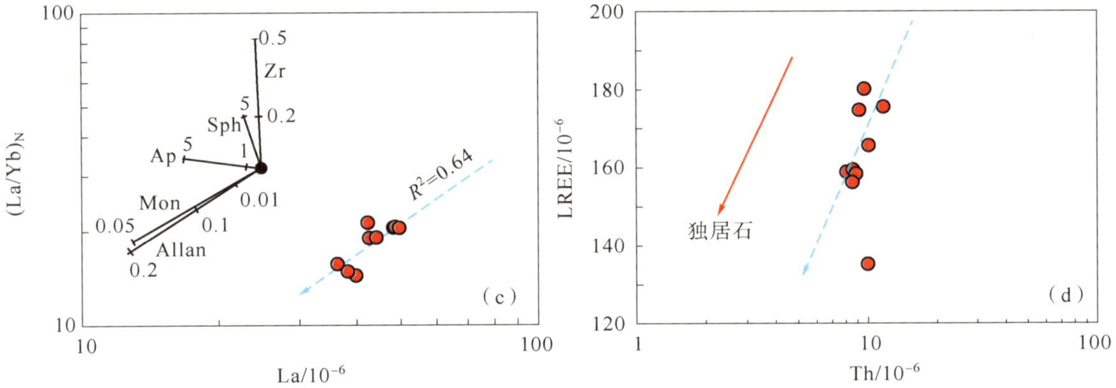

图 5.32　矿物演化趋势线（续）

（a）（b）Sr-Rb/Sr 和 Sr-Ba 图解（模拟系数据 Yang et al.，2005b）；（c）La-（La/Yb）$_N$ 图解；（d）Th-轻稀土 LREE 图解
Allan—褐帘石；Ap—磷灰石；Bt—黑云母；Cpx—单斜辉石；Hb—角闪石；Kf—钾长石；Mon—独居石；
Opx—斜方辉石类；Pl—斜长石；Sph—榍石；Zr—锆石

5.3.8　高（La/Yb）$_N$ 值岩石的成因判别

前期研究显示，晚侏罗世花岗岩类具有高的 Sr/Y 和（La/Yb）$_N$ 比值，暗示了晚侏罗世花岗岩形成于地壳增厚的过程。如前所述，早白垩世花岗岩具有相对复杂的地球化学特征。比如，一些分布在胶东半岛的岩体具有高的 Sr/Y 和（La/Yb）$_N$ 比值（杨进辉等，2003；Meng et al.，2020），具有埃达克岩的地球化学特征，然而在苏鲁造山带其他区域的花岗岩却显示出低的 Sr/Y 和（La/Yb）$_N$ 比值。与晚侏罗世的埃达克岩相比，早白垩世埃达克岩的形成环境、背景和岩石成因却缺乏有效约束。本研究中，草场村的花岗岩样品显示出弧岩浆岩的地球化学特征（图 5.33a）。然而，Yb$_N$-（La/Yb）$_N$ 图解却显示埃达克岩地球化学特征（图 5.33b），对应于地壳加厚的过程。众所周知，中国东部在早白垩时经历了广泛的岩石圈拆沉和减薄（Zhu et al.，2012；Meng et al.，2018；Liu et al.，2019），因而早白垩世的花岗岩类通常形成于一个正常的地壳厚度环境，而非一个加厚的环境。

已有研究证实，通常被定义为 Sr/Y 和（La/Yb）$_N$ 高比值的埃达克岩，可能形成于多种环境条件下：①加厚地壳的部分熔融（Petford and Atherton，1996；Xu et al.，2002，2007）；②洋壳的部分熔融（Defant and Drummond，1990）；③结晶分离（Richards and Kerrich，2007；Xu et al.，2015）；④Sr/Y 高比值的岩浆源区（Moyen et al.，2009）；⑤不同端元岩浆的混合（Chen et al.，2004；Guo et al.，2007）；⑥麻粒岩的部分熔融（Jiang et al.，2007）。虽然具有埃达克岩地球化学特征的岩石形成的构造背景和源区可以有多种类型，普遍接受的是加厚地壳部分熔融和洋壳部分熔融形成的埃达克岩才是真正的埃达克岩，而其他类型的埃达克岩为假性的埃达克岩（Xu et al.，

2007；Meng et al.，2019）。因此，为了更好区分真假埃达克岩，He 等（2011）提出新的判别方法，可以较好地区分真假埃达克岩。判别图解显示（图 5.33c-f），来自草场村的花岗岩样品全部落入正常的花岗岩区域，而非所谓的真正的埃达克岩区域。结合区域地质背景和早白垩世花岗岩的地球化学特征，我们认为在苏鲁造山带早白垩世的花岗岩类主要起源于正常厚度地壳的部分熔融，而非加厚地壳的熔融。我们的样品虽然具有高的 $(La/Yb)_N$ 比值，其成因可能和岩浆混合有关（图 5.31g，h），导致其高的 La/Y 比值，显示出假埃达克岩的地球化学特征。

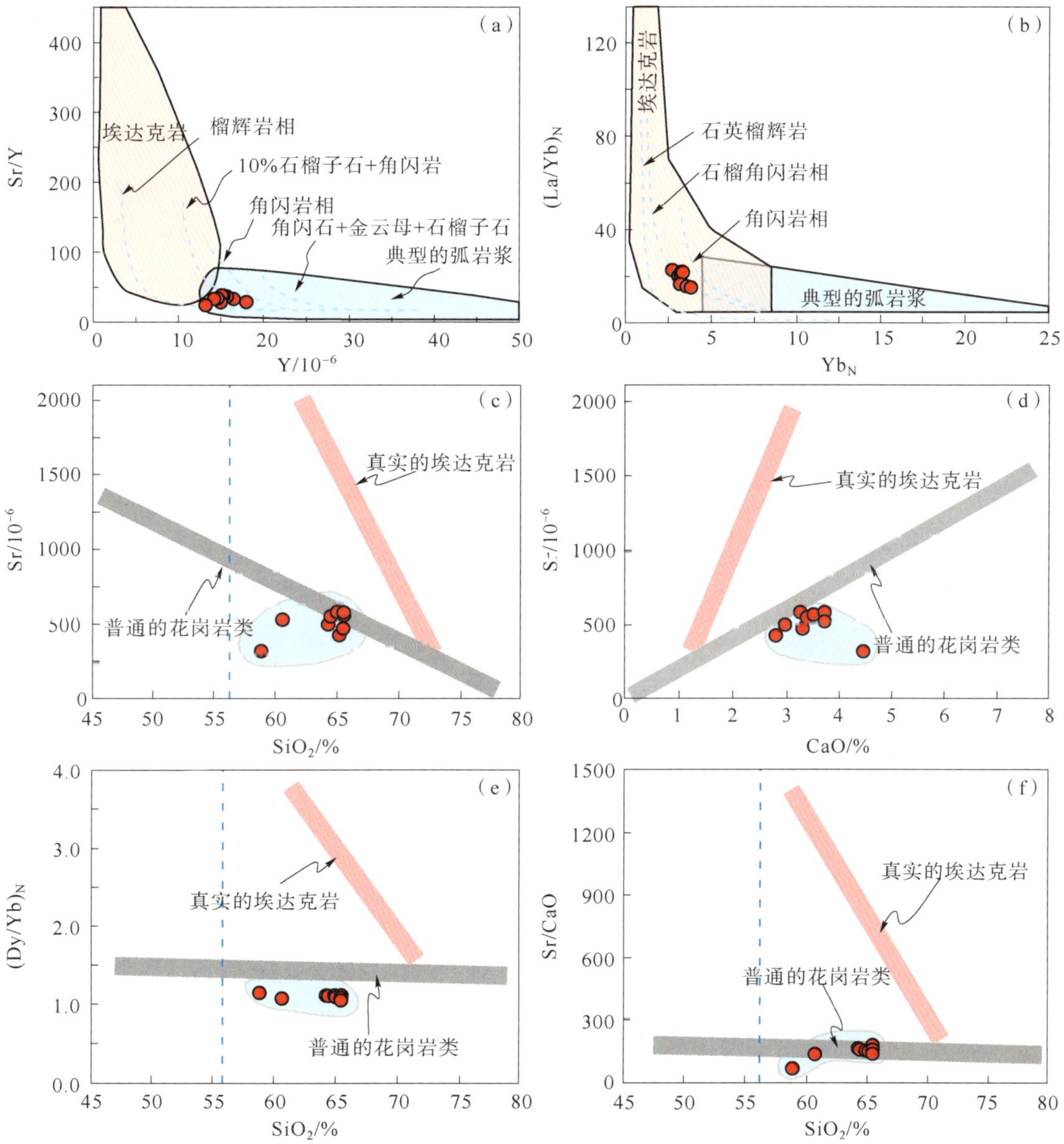

图 5.33 埃达克岩的地球化学特征判别图解

（a）（b）埃达克岩判别的 Y-Sr/Y 和 Yb_N-$(La/Yb)_N$ 图解（据 Petford and Atherton，1996；Defant et al.，2002）；（c）SiO_2-Sr 图解；（d）CaO-Sr 图解；（e）SiO_2-$(Dy/Yb)_N$ 图解；（f）SiO_2-Sr/CaO 图解（（c）-（f）据 He et al.，2011）

5.3.9 草场村花岗岩形成的大地构造意义

众所周知，在壳幔边界，幔源岩浆的底侵是促使地壳生长和循环的一种重要方式。非常富集的 Hf 同位素组成和低的 $\varepsilon_{Hf}(t)$ 值，暗示了草场村花岗岩经历了多期次的循环再造。花岗质岩石的形成通常和幔源物质的底侵有关。一方面，幔源物质底侵不仅带来了大量的热，促使壳源物质的部分熔融，另一方面幔源物质还参与了花岗质岩石的形成与演化。其中，花岗质岩石中的细粒的暗色镁铁质包体（MME）广泛发育于后碰撞造山的环境中（Moyen et al.，2017；Gómez-Frutos and Castro，2023）。在草场村花岗岩体中也广泛发育暗色镁铁质包体，而且花岗岩显示出高的 $Mg^{\#}$值，暗示了幔源物质参与了花岗质岩石的形成（Rapp and Watson，1995）。花岗质岩石中的暗色镁铁质包体通常形成于以下几种成因机制：①来自镁铁质岩石的捕虏体；②难熔的固体残留物（White et al.，1999；Kazemi et al.，2018）；③早期结晶的同源岩浆或者镁铁质矿物的堆晶集合体；④镁铁质-长英质岩浆的混合体（Barbarin，2005；Meng et al.，2019）。与其他成因模式相比，镁铁质-长英质岩浆的混合是形成暗色镁铁质包体和高 $Mg^{\#}$值花岗岩最为流行的模式（Gómez-Frutos and Castro，2023）。因此，根据 MMEs 的矿物组成、显微结构特征以及野外的接触关系，我们认为基性和酸性岩浆端元的混合，是可能形成暗色镁铁质包体和 MMEs 的最佳方式。

大量研究揭示，中国东部地区在晚中生代遭受到了广泛的岩石圈减薄。裂谷盆地和大量伸展构造的发育是华北克拉通破裂在地壳浅部的响应（Xia et al.，2016；Ni et al.，2015）。此外，早白垩世大规模的成矿和岩浆爆发事件暗示了中国东部地区从晚侏罗世到早白垩世构造体制的转变（Meng et al.，2018；Zhu and Xu，2019）。晚侏罗世花岗岩类主要来自纯壳源物质的部分熔融，幔源物质很少或者较少加入花岗质岩石的形成。然而，在苏鲁造山带，早白垩世的花岗质岩石通常具有较为复杂的成因机制，比如纯地壳物质的熔融以及壳幔相互作用形成的花岗质岩石和大规模分布的中酸性到基型岩脉等。岩石组合和伸展构造暗示了中国东部在早白垩世发生了大规模的岩石圈减薄。Zhu 等（2012）总结后认为，太平洋板块向中国东部的俯冲以及失稳是引起中国东部地区岩石圈破坏和减薄的最主要因素。此外，Zhu 等（2012）认为位于地幔过渡带留滞的板片引起了地幔不稳定的角流（软流圈对流），导致上覆岩石圈地幔的失稳和破裂。结合野外岩体的分布特征和锆石的 Hf-O 同位素特征，我们认为幔源岩浆的底侵是引起扬子板块下地壳发生部分熔融最为主要的因素。在演化的过程中，地幔来源的岩浆也参与了草场村花岗质岩石的形成。具有地幔锆石相似的氧同位素组成暗示了草场村花岗岩形成于一个较深的环境，没有发生显著的水岩反应以及遭受后期的构造热事件。

5.4 小节

1）灵山岛流纹岩成岩时代为早白垩世，属典型的高分异I型流纹岩，是扬子板块地壳部分熔融的产物，是华北克拉通破坏的产物。

2）灵山岛上中性的火山熔岩成岩时代为129.0～130.9 Ma，锆石Hf-O同位素显示，中性的火山熔岩主要经历了二阶段的成岩过程，其中第一阶段扬子板块的壳源物质交代上覆的岩石圈地幔形成超镁铁质-镁铁质岩石；第二阶段，在早白垩世，由于岩石圈减薄减压熔融，导致三叠纪形成的超镁铁质-镁铁质岩石再发生熔融，形成灵山岛上的中性火山熔岩。此外，中性火山熔岩具有非常宽泛的SiO_2、Cr和$Mg^{\#}$值变化，暗示了一个不均一的岩浆源区。

3）在灵山岛邻区，胶南草场村厘定的花岗岩体成岩年龄为120 Ma，锆石Hf-O同位素揭示草场村花岗岩形成于较深的环境，主要来自扬子板块基性下地壳的部分熔融，在形成过程中，幔源岩浆参与了花岗质岩石的形成和演化。

第6章　灵山岛及邻区早白垩世大地构造演化

目前，普遍的观点认为莱阳群法家茔组上覆的火山角砾熔岩为青山期（K_1Q）岩浆活动的产物，形成时代应明显晚于下伏莱阳群法家茔组（宋明春和王沛成，2003；张海春等，2013）。然而，笔者近期最新的研究成果却表明（Meng et al.，2018；孟元库等，2018），下伏的法家茔组和上覆的含砾粗碎屑岩以及火山角砾熔岩形成时代在误差范围内基本一致，这为进一步重新认识灵山岛的大地构造格局提供了新的思路。在此基础上，结合区域地质，本章节我们提出了一个新的大地构造演化模型，该模型能较好地回答灵山岛上目前存在的诸多争议，并为灵山岛的进一步地学研究提供了可行性参考。

6.1　白垩纪中国东部地区大地构造背景

早白垩世时（140~100 Ma），Izanagi（伊泽奈崎）板块和Okhotomorsk（鄂霍次克洋）板块以西北西的方向向东亚地区俯冲（Zhu et al.，2012）。随后Mongol-Okhotsk（蒙古-鄂霍次克）洋关闭，由于远程效应、弧后伸展以及Izanagi板块的后撤，导致中国东部地区由挤压环境转向北西—南东向的伸展环境（Xu et al.，2013；Zhu et al.，2015；Zhang et al.，2016）。在构造伸展的过程中，中国东部地区（胶东地区）广泛发育早白垩世岩浆活动以及与伸展有关的变质核杂岩构造（metamorphic core complex，MCC）（Ni et al.，2013；夏增明等，2016）。由于早白垩世时大规模的伸展作用，中国东部地区普遍发育断陷湖盆，沉积了一套典型的河湖相沉积岩系（莱阳群）（宋明春和王沛成，2004）。该时期也是胶东地区多金属成矿的重要时期（杨立强等，2014）。早白垩世时，中国东部大规模伸展构造的发育以及岩浆活动表明该时期华北克拉通遭受到了强烈的减薄（Zhu et al.，2011；Liu et al.，2013；夏增明等，2016）。此时山东地区的胶莱盆地为正断层控制的沉降型盆地，以发育中-酸性火山作用为特征（Zhang et al.，2003；宋明春和王沛成，2004）。

到了晚白垩世早期（100~85 Ma），西北西向漂移的Okhotomorsk板块与亚洲东部边缘发生碰撞（~100 Ma），随后北北西向俯冲的 Izanagi 板块开始向北移动（Yang et al.，2013）。Okhotomorsk 板块与亚洲东部边缘地区的碰撞结束了中国东部地区大规模的岩浆作用，在中国台湾和日本等地形成了大规模了高压变质作用（Yang，2013；Zhang et al.，2016）。同时该碰撞事件也引起了华南板块左行走滑断裂系统的形成以及从日本到华北板块右行断裂系统的形成（Yang，2013）。此外，在中国东部陆域内发生北西—南东向的缩短，导致中国东部大陆边缘及其内部主要山脉和盆地（胶莱盆地）发生快速隆升并遭受剥蚀（Zhang et al.，2003，2016）。亚洲东部北东向的山脉在晚白垩世时也发生快速的隆升并遭受剥蚀，形成了中国东部地区和内蒙古地区典型的红色粗碎屑沉积和风成砂沉积（Boucot et al.，2013；Hasegawa et al.，2012；Zhang et al.，2016）。

晚白垩世晚期（85~66 Ma），当 Okhotomorsk 板块的西南末端通过北东走向的亚洲大陆边缘时，已经沉寂的 Okhotomorsk 板块的岩石圈空白区域很快被它南侧的大洋岩石圈地幔所充填（Yang，2013）。晚白垩世至古新世，太平洋板块持续向北俯冲（Zhu et al.，2012）。此时，中国东部地区主要的伸展方向转变为南北向，沿着更为年轻的东西向伸展构造形成了新的区域性地壳沉积区（Zhang et al.，2003），沉积了晚白垩世—古新世的红层（比如胶莱盆地的王寺组）。前人通过碳酸盐结合的团簇同位素计算了山东地区（胶莱盆地及邻区）在 80 Ma 时的古海拔≥2 km（Zhang et al.，2016）。白垩纪晚期中国东部地区主要发育碱性—钙碱性的玄武岩（Zhang et al.，2014），它们的同位素和地球化学特征显示：白垩纪晚期的火成岩明显不同于早白垩世，但是它们具有和日本海弧后盆地玄武岩相似的地球化学特征。中国东部晚白垩世的玄武岩将为了解太平洋板块向中国东部地区俯冲时的岩浆作用提供新的岩石学依据。中国东部地区白垩纪人地构造演化模式见图 6.1。

6.2 灵山岛及邻区区域构造演化

灵山岛上的火山熔岩形成于早白垩世，与邻区陆上的大面积花岗岩形成时代基本一致（郭敬辉等，2005；张娟，2011；Wang et al.，2016；Meng et al.，2018，2020）。Wang 等（2016）根据铝在角闪石中的含量（P=4.23×全 Al-3.46）计算了花岗岩侵位时的压力，然后根据其压力间接换算了青岛地区崂山花岗岩的侵位深度。计算结果显示青岛地区崂山花岗岩形成于地下 9.28~11.21 km，平均侵位深度为 10 km 左右。锆石 U-Pb 年龄显示，青岛地区的花岗岩类成岩时代主要为 120~110 Ma（郭敬辉等，2005；张娟，2011；Wang et al.，2016；Meng et al.，2020），而灵山岛地区的火山岩和沉积岩与花岗岩形成的时代几乎一致（赵广涛等，1997；王世进等，2010；Wang et

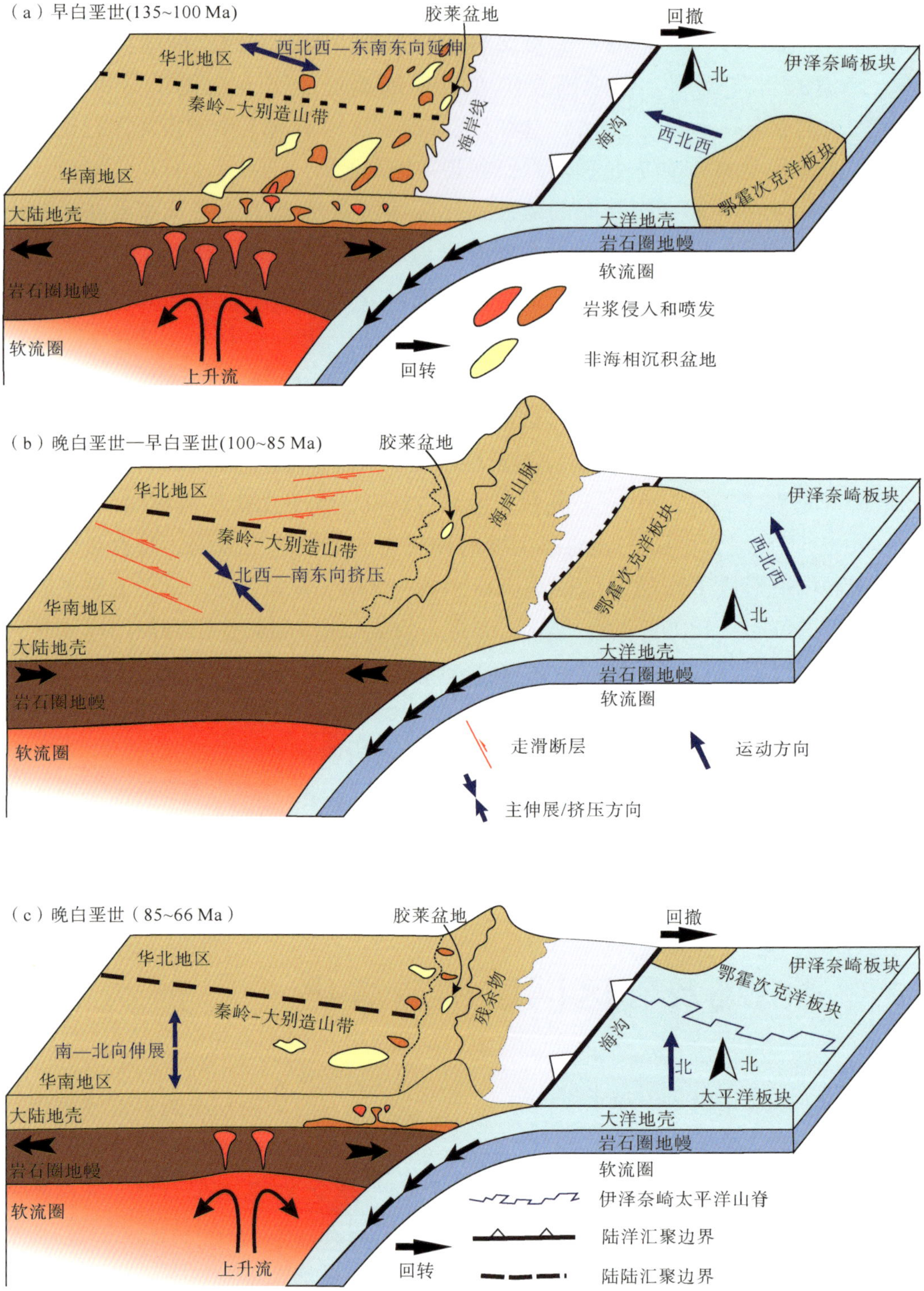

图 6.1　中国东部地区白垩纪大地构造演化模式图
（据 Zhu et al.，2012；Zhang et al.，2016；有修改）

al. , 2014, 2015, 2016; Meng et al. , 2018; 孟元库等, 2018; 张书凯等, 2019)。野外地质调查显示, 早白垩世时灵山岛上的岩石主要形成于地表或者近地表, 完全不同于花岗岩, 说明了它们在时空上的不同。现今, 胶南地区的花岗岩多已出露地表, 暗示了从早白垩世成岩以来遭受了较为强烈的抬升和剥蚀, 其上 10 km 的壳源物质被剥蚀殆尽。灵山岛上保存完好的火山角砾熔岩和河流相沉积 (图 6.2a, b) 暗示了从早白垩世至今灵山岛地区没有遭受强烈的构造抬升, 处于一个相对平稳的构造环境, 这才导致了今天深成侵入的花岗岩与表层喷发的火山岩以及河流相沉积处于近乎一致的海拔高度 (灵山岛对面的大珠山海拔为 500m)。对于火山角砾熔岩和花岗岩在时空上的这种特殊的空间关系, 我们推测在灵山岛和胶南陆域地区存在着一个北东向区域断裂, 该断裂形成于早白垩世, 是控制灵山岛和胶南地区构造活动的主要因素。早白垩世时, 该断裂形成 (控盆断裂), 灵山岛地区为典型的断陷湖盆, 沉积了一套较厚的湖相沉积 (研究区的莱阳群法家茔组)。该套湖相沉积主要由暗色的粉砂岩-泥岩组成, 可见中华狼鳍鱼和叶肢介化石 (李守军等, 2017; 孟元库等, 2018), 此时湖盆处于饥饿期。到了断陷湖盆演化的晚期, 湖相沉积之上发育了粗粒的河流相沉积, 可见大型的交错层理和虫孔构造。在沉积后不久, 灵山岛地区发生了剧烈的火山活动, 引起了强烈的地震 ($M>4.7$) (周瑶琪等, 2017), 喷发的火山熔岩和角砾岩不整合覆盖在河湖相沉积之上。锆石 U-Pb 定年显示, 河湖相沉积和上覆的火山角砾熔岩形成于同一时代 (127 Ma)。因此, 锆石 U-Pb 定年结果进一步表明灵山岛火山喷发时, 断

图 6.2 灵山岛法家茔组上覆火山角砾岩及沉积岩夹层野外分布特征

(a) 灵山岛法家茔组上覆火山角砾熔岩; (b) 灵山岛法家茔组上覆含砾粗碎屑岩;
(c) 火山角砾熔岩中的沉积岩夹层; (d) 火山角砾熔岩中沉积岩夹层的局部照片

陷湖盆的沉积时间不足百万年。由于沉积时间较短，处于湖盆底部的细粒沉积物颗粒之间仍然富含水分（欠压实状），砂岩-泥岩没有压实成岩，仍处于塑性状态（富水的状态）。随后，强烈的火山作用引发地震（Meng et al.，2018），刚刚沉积不久的砂泥岩发生构造滑覆，形成大规模的软沉积变形。研究区早白垩世时的大地构造格局和现今的大地构造格局见图 6.3。综上所述，灵山岛地区的沉积和火山作用是同步进行的，具有明显的穿时性。其中火山熔岩中的沉积岩夹层（图 6.2c，d）就很好地表明了陆相沉积与火山作用近乎同时进行。

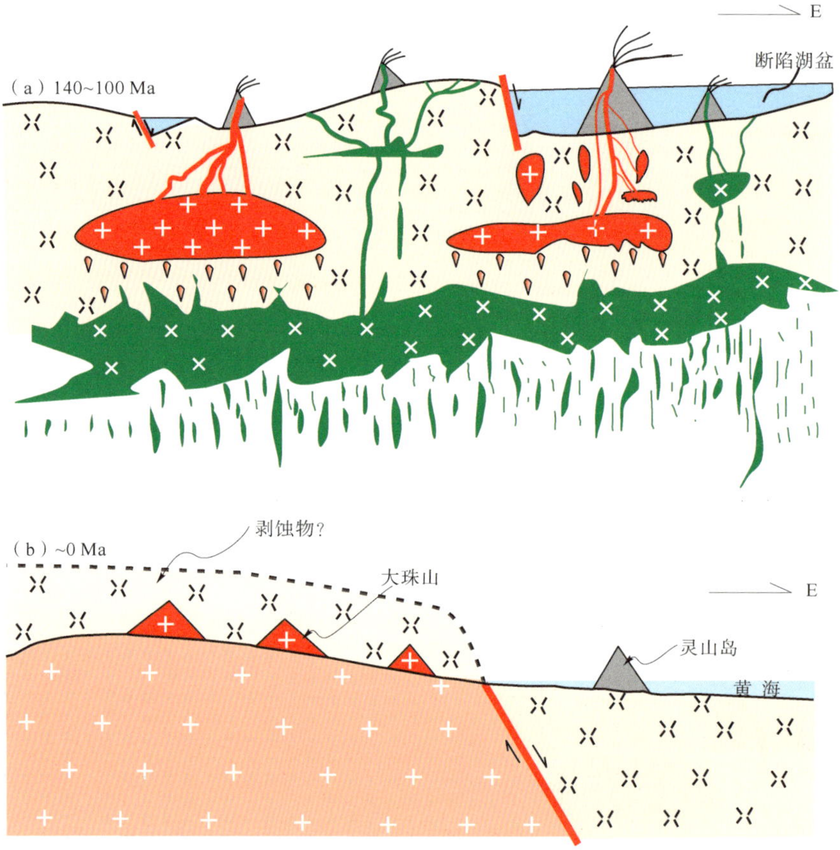

图 6.3 研究区早白垩世大地构造演化模式图

（a）早白垩世（140~100 Ma）灵山岛及邻区大地构造演化模式图；（b）灵山岛及邻区现今（第四纪以来）构造模式图

6.3 小节

早白垩世时，青岛胶南地区由于岩石圈拆沉导致软流圈地幔物质上涌，加热地壳形成花岗质岩浆。随后，花岗质岩浆在地下约 10 km 处侵位冷却结晶成岩，而邻区的断陷湖盆则发育强烈的火山作用，引发地震，导致刚沉积的碎屑岩发生大规模滑塌，形成灵山岛上典型的软沉积变形构造。由于白垩纪晚期胶南地区强烈的构造抬升，导致下伏约10 km的地壳被剥蚀殆尽，原来深埋地下的花岗岩被抬升至地表（大珠山、崂山等花岗岩体）；与花岗岩相比，灵山岛上的沉积岩和火山角砾岩形成于地表浅层，至今仍然保留完好，暗示了从早白垩世至今灵山岛地区没有遭受强烈的构造剥蚀作用。根据区域抬升的差异性，我们推测灵山岛和胶南地区存在一个区域性断裂（图6.4），该断裂早期是典型的控-盆断裂，后期则控制了区域上的差异性剥蚀。

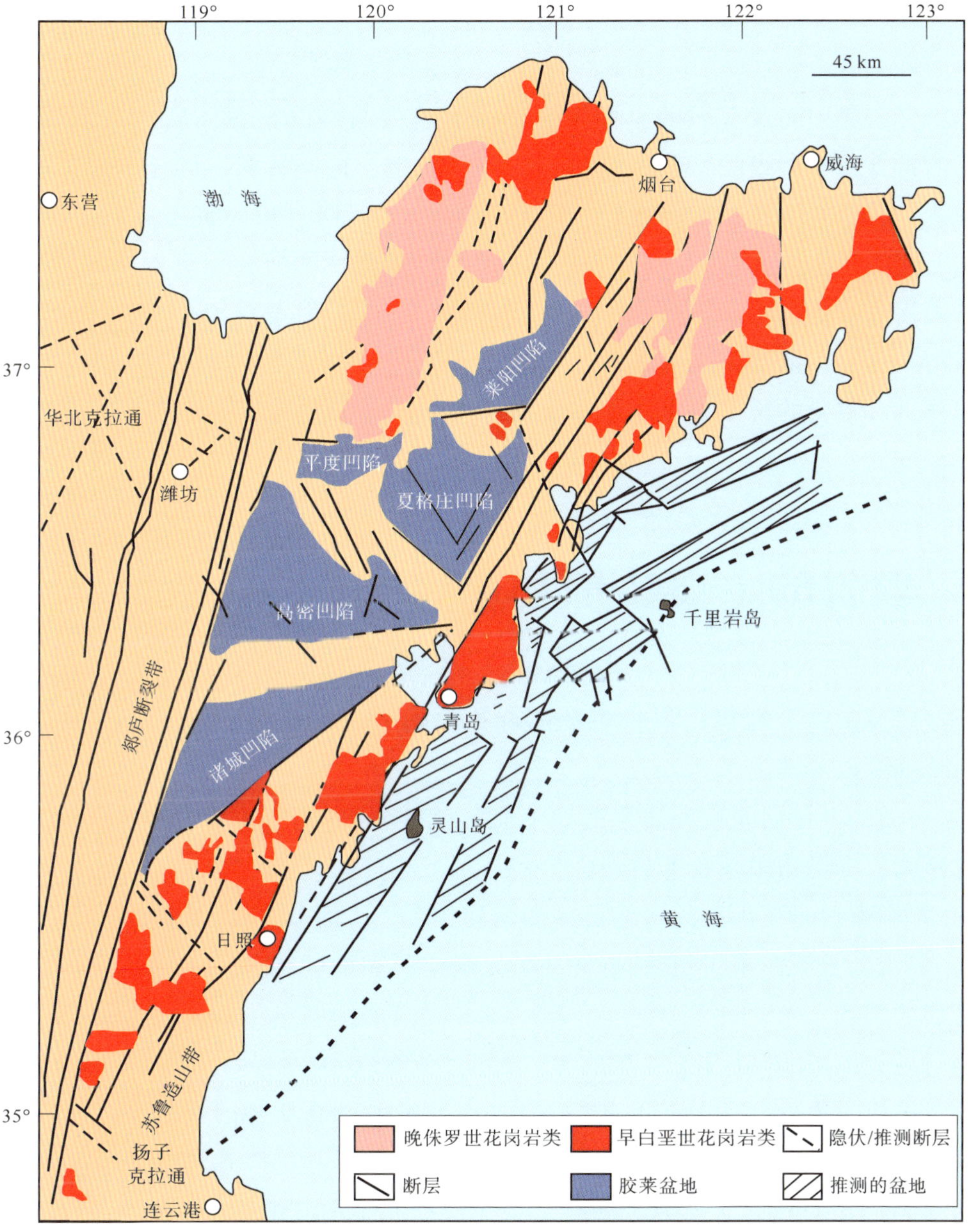

图6.4 灵山岛及其山东半岛大地构造简图

（据 Yang et al.，2016，有修改）

第7章　结　　论

本研究以灵山岛及邻区的早白垩世沉积岩、火山岩以及花岗岩为主要研究对象，在详细的野外地质调查的基础上，综合运用年代学、构造解析、同位素年代学、同位素地球化学、矿物学和岩石学等手段对早白垩世的沉积岩和岩浆岩进行了系统研究，并把同时代的火山岩和侵入岩（花岗岩）进行了对比性的研究，重点突出了晚中生代以来灵山岛及邻区的构造演化历史，通过对灵山岛上沉积岩系和火山岩成因关系的解剖，为山东半岛其他地区的构造演化提供了良好的解剖案例，对于研究华北克拉通岩石圈减薄具有重要的科学意义。纵观全书，主要取得的研究认识和存在的主要问题概况如下。

7.1　取得的主要认识和进展

通过对灵山岛上的早白垩世沉积岩和火山熔岩开展系统性的野外和室内测试分析，初步获得以下结论：

1）灵山岛上早白垩世碎屑岩沉积于125~128 Ma之间，主要物源区来自华北板块的胶北地体，少量物源来自苏鲁造山带。

2）早白垩世时灵山岛地区为典型的河湖相沉积，而非深海—半深海沉积。

3）灵山岛上早白垩世沉积岩中的软沉积变形和滑脱构造与岛上的火山地震活动具有密切的关系。

4）锆石SHRIMP II和LA-ICP-MS显示，流纹岩和中性火山熔岩均形成于早白垩世早期，形成时代分别为121.4~127.6 Ma和129.0~130.9 Ma。其中流纹岩表现为脉冲式的成岩过程，成岩过程可能长达6 Ma。

5）锆石Hf-O同位素和新元古代的继承性锆石暗示流纹岩来自扬子板块壳源物质的部分熔融；中性火山熔岩的主量元素具有较大的变化及高的Cr和$Mg^{\#}$含量，表明其源区的不均一性，中性火山熔岩主要源于富集岩石圈地幔的部分熔融，经过二阶段成岩模式形成灵山岛上现今的火山熔岩。

6）胶南草场村花岗岩形成于早白垩世 Aptian 期（约 119 Ma），是中太古代陆壳物质部分熔融的产物。在花岗岩成岩过程中，富集的幔源物质参与了岩浆的演化。

7）早白垩世时，青岛胶南地区由于岩石圈拆沉导致软流圈地幔物质上涌，加热下地壳形成花岗质岩浆。随后，花岗质岩浆在地下约 10 km 处侵位冷却结晶成岩，而邻区的断陷湖盆发育强烈的火山作用，引发地震，导致刚沉积的碎屑岩发生大规模滑塌，形成灵山岛上典型的软沉积变形构造。由于白垩纪晚期胶南地区强烈的构造抬升，导致下伏约 10 km 的地壳被剥蚀殆尽，原来深埋地下的花岗岩被抬升至地表（大珠山、小珠山、崂山等花岗岩体）；与花岗岩相比，灵山岛上的沉积岩和火山角砾岩形成于地表浅层，至今仍然保留完好，暗示了从早白垩世至今灵山岛地区没有遭受强烈的构造剥蚀作用。根据区域抬升的差异性，我们推测灵山岛和胶南地区存在一个区域性断裂，该断裂早期是典型的控-盆断裂，随后是区域上差异性剥蚀的主要控制因素。

7.2 主要存在问题

1）胶南草场村早白垩世（Aptian 期）花岗岩和流纹岩在成因上有何联系？（流纹岩是晶粥体残余的熔体，花岗岩是晶粥体？）都是扬子板块壳源物质的部分熔融？还是花岗岩是来自其他壳源物质的部分熔融。

2）灵山岛地区在早白垩世时属于典型的断陷湖盆，该断陷湖盆的规模多大？早白垩世时灵山岛及周缘地区的古地貌格局是什么？

3）胶莱盆地在早白垩世时的规模到底有多大？灵山岛和八仙墩以及田横岛上的早白垩世碎屑沉积是胶莱盆地在苏鲁造山带中的出露？还是裂谷盆地的海相沉积？

针对以上问题，将来拟开展以下研究：①确定田横岛碎屑岩的沉积时代和物源特征，并与灵山岛、八仙墩早白垩世碎屑岩进行对比研究；②对新厘定的早白垩世草场村花岗岩开展高维度的叁参氧同位素分析，花岗岩成岩过程中流体交代的精确过程；③对胶南地区含角闪石的钙碱性花岗岩展开矿物的温度压力计算，确定胶南地区花岗岩侵位的深度和形成环境；④厘定苏鲁造山带东缘早白垩世的大地构造背景，并为进一步陆相湖盆油气勘探提供证据。

主要参考文献

敖文昊，冯涛，赵燕，等．2018. 灵山岛早白垩世岩浆活动及其大地构造意义．岩石学报，34（6）：1612～1640.

陈丕基，曹美珍，潘华璋，等．1980. 山东中生代陆相地层问题．地层学杂志，4（4）：301～309.

程燕君，吴智平，刘晓宇，等．2022. 中国东部日青威盆地灵山岛灵科1井晚侏罗世至早白垩世磁性地层研究．中国科学：地球科学，52（5）：903～919.

崔明明，彭楠，柳永清，等．2023. 陆相湖盆沉积物滑塌变形研究进展．地质论评，69（2）：701～718..

代富强．2017. 大别-苏鲁造山带和华北东南缘白垩纪岩浆岩地球化学研究．合肥：中国科学技术大学，1～159.

董春艳，万渝生，龙涛，等．2016. 华北克拉通大青山-集宁地区古元古代变质沉积岩的锆石氧同位素组成：SHRIMP.

董晓鹏，吕洪波，张星，等．2014. 灵山岛北端早白垩世复理石中的滑塌断崖．地质论评，60（4）：771～779.

董晓鹏．2014. 灵山岛早白垩世沉积-大地构造背景研究．青岛：中国石油大学（华东），34～51.

杜远生．2011. 中国地震事件沉积研究的若干问题探讨．古地理学报，13（6），581～586.

冯乔，张耀，徐子苏，等．2018. 胶莱盆地早白垩世瓦屋夼组、水南组元素地球化学特征与古环境分析．山东科技大学学报（自然科学版），37（1）：20～34.

付永涛，虞子冶．2010. 青岛垭口-八仙墩变质海相碎屑岩的属性和构造意义．地质科学，45（1）：207～227.

高剑峰，陆建军，赖鸣远，等．2003. 岩石样品中微量元素的高分辨率等离子质谱分析．南京大学学报（自然科学），39（6）：844～850.

葛毓柱，钟建华，樊晓芳，等．2015. 山东灵山岛滑塌体内部沉积及构造特征研究．地质论评，61（3）：634～644.

葛毓柱，钟建华．2017. 灵山岛早白垩世软沉积物变形构造触发机制及其古环境意义探讨．地质论评，63（4）：927～940.

苟军，孙德有，赵忠华，等．2010. 满洲里南部白音高老组流纹岩锆石 U-Pb 定年及岩石成因．岩石学报，26（1）：333～344.

关绍曾．1989. 山东莱阳盆地早白垩世中期非海相介形类．微体古生物学报，62（2）：179～188.

郭敬辉，陈福坤，张晓曼，等．2005. 苏鲁超高压带北部中生代岩浆侵入活动与同碰撞-碰撞后构造过程：锆石 U-Pb 年代学．岩石学报，21（4）：1281～1301.

侯方辉，李日辉，张训华，等．2012. 胶莱盆地向南黄海延伸——来自南黄海地震剖面的新证据．海洋地质前沿，28（3）：12～16.

侯方辉，张志珣，张训华，等．2008. 南黄海盆地演化及构造样式地震解释．海洋地质与第四纪地质，28（5）：61～68.

侯可军，李延河，邹天人，等．2007. LA-MC-ICP-MS 锆石 Hf 同位素的分析方法及地质应用．岩石学报，23（10）：2595～2604.

霍腾飞，杨德彪，许文良，等．2015. 胶莱盆地早白垩世瓦屋夼组砂岩碎屑锆石 U-Pb-Hf 同位素组成及其构造意义．大地构造与成矿学，39（2）：355～368.

贾小辉，王强，唐功建．2009. A 型花岗岩的研究进展及意义．大地构造与成矿学，33（3）：465～480.

江博明，张宗清．1985. 冀东太古代麻粒岩-片麻岩的稀土地球化学和岩石成因．中国地质科学院地质研究所所刊，13：1~34.
姜在兴．2003. 沉积学．北京：石油工业出版社．
李杰，金爱文，侯贵廷，等．2015. 灵山岛早白垩世构造应力解析及区域地质意义．北京大学学报（自然科学版），51（6）：1069~1077.
李守军，张祥玉，赵秀丽，等．2017. 山东省青岛市灵山岛下白垩统中发现鱼类和叶肢介化石. 地质论评，63（1）：1~6.
李守军，谢传礼．1997. 山东莱阳盆地莱阳组时代讨论．地层学杂志，21（3）：233~238.
李曙光，李秋立，侯振辉，等．2005. 大别山超高压变质岩的冷却史及折返机制．岩石学报，21（4）：1117~1124.
李双应，孟庆任，李任伟，等．2008. 山东胶莱盆地下白垩统莱阳组物质组分特征及其对物源区的制约．岩石学报，24（10）：2395~2406.
李勇，钟建华，邵珠福，等．2012. 软沉积变形构造的分类和形成机制研究．地质论评，58（5）：829~838.
梁钊，云玉攀，魏浩．2023. 快速沉积引发的软沉积物变形构造特征—以灵山岛下白垩统浊积岩为例．沉积学报，41（2）：450~458.
刘菲菲，周瑶琪，许红，等．2016. 灵山岛成因特征、类型及其地质构造意义．海洋地质前沿，32（3）：33~40.
刘福来，施建荣，刘建辉，等．2011. 北苏鲁威海地区超基性岩的原岩形成时代和超高压变质时代. 岩石学报，27（4）：1075~1084.
刘福来，许志琴，杨经绥，等．2004. 中国大陆科学钻探工程主孔及周边地区花岗质片麻岩的地球化学性质和超高压变质作用标志的识别．岩石学报，20（1）：9~26.
刘汉青，周瑶琪，董春梅，等．2023. 山东东部日青威盆地灵山岛地区下白垩统深水沉积特征及沉积模式．沉积学报，DOI：10. 14027/j. issn. 1000-0550. 2023. 043
刘俊来，Gregory A Davis，纪沫，等．2008. 地壳的拆离作用与华北克拉通破坏：晚中生代伸展构造约束．地学前缘，15（3）：72~81
刘宪亭，苏德造，黄为龙．1963. 华北的狼鳍鱼化石．北京：科学出版社，1~39.
刘杨．2014. 山东近海地区下白垩统沉积岩有机地球化学特征．青岛：中国石油大学（华东），1~66.
刘作松，易雪斐，吉霞，等．2022. 地震触发下砂岩侵入体变形模拟实验研究．沉积学报，https：//doi. org/10. 14027/j. issn. 1000-0550. 2022. 113.
吕洪波，王俊，张海春．2011. 山东灵山岛晚中生代滑塌沉积层的发现及区域构造意义初探. 地质学报，85（6）：938~946.
吕洪波，张海春，王俊，等．2012. 山东胶南灵山岛晚中生代浊积岩中发现巨大滑积岩块. 地质论评，58（1）：80~81.
吕洪波，张海春，王俊，等．2013. 灵山岛早白垩世复理石不是陆内三角洲沉积——答钟建华教授．地质论评，59（1）：11~14.
吕洪波，章雨旭，夏邦栋，等．2003. 南盘江盆地中三叠统复理石中的同沉积挤压构造———类新的 沉积构造的归类、命名和构造意义探讨．地质论评，49（5）：449~456.
吕洪波，章雨旭，肖国望，等．2006. 内蒙古白云鄂博南东黑脑包腮林忽洞群下部发现地震滑塌岩块．地质论评，52（2）：163~169.
马杏垣．1983. 解析构造学刍议．地球科学，（3）：3~11.
孟元库，李日辉，徐扬，等．2018. 山东青岛地区灵山岛早白垩世碎屑岩锆石 U-Pb-Hf 同位素特征及其大地构造意义. 地球科学，43（9）：3302~3323.
彭楠，柳永清，旷红伟，等．2015. 胶莱盆地早白垩世莱阳群沉积物源及地质意义．中国地质，42（6）：1793~1810.

乔秀夫，李海兵．2009. 沉积物的地震及古地震效应．古地理学报，11（6）：593~610.

乔秀夫．1996. 中国震积岩的研究与展望．地质论评，42（4）：318~320.

邱检生，胡建，李真，等．2010. 大别-苏鲁造山带变质岩原岩组合与闽浙沿海晚中生代岩浆岩组合的对比：对扬子板块北东缘新元古构造属性的启示．高校地质学报，16（4）：413-425.

山东省地质矿产局．1991. 山东省区域地质志. 北京：地质出版社.

邵济安，何国琪，唐克东．2015. 华北北部二叠纪陆壳演化．岩石学报，31（1）：47~55.

邵珠福，钟建华，李勇，等．2014a. 青岛灵山岛晚中生代重力流沉积特征及环境分析．地质论评，60（3）：555~566.

邵珠福，钟建华，李勇，等．2014b. 青岛灵山岛纹层控制的砂级颗粒支撑叠瓦构造的发现及其意义．中国科学：地球科学，44（8）：1761~1776.

邵珠福．2017. 青岛灵山岛早白垩世沉积与古环境研究．青岛：青岛海洋地质研究所，1~95.

沈炎彬．1981. 胶东白垩纪叶肢介．古生物学报，20（6）：518~525.

宋明春，王沛成．2003. 山东省区域地质．济南：山东省地图出版社，133~175.

苏德辰，孙爱萍．2011. 北京永定河谷中元古界雾迷山组软沉积物变形与古地震发生频率．古地理学报，13（6）：591~614.

孙建伟，付永涛，兰朝利．2014. 青岛八仙墩碎屑岩微量元素地球化学特征及沉积环境意义．海洋科学，38（8）：75~81.

孙涛，周新民，陈培荣，等．2003. 南岭东段中生代强过铝花岗岩成因及其大地构造意义．中国科学（D 辑），33（12）：1209~1218.

王安东，周瑶琪，闫华，等．2013. 山东省灵山岛早白垩世软沉积物变形构造特征．古地理学报，15（5）：717~728.

王安东，周瑶琪，张振凯，等．2014. 山东灵山岛莱阳群水下非构造裂缝特征及意义．地球学报，35（3）：321~328.

王晶晶，朱学强，王金光，等．2022. 山东省莱西地区白垩纪王氏群地层中的滑塌构造及其成因．山东国土资源，38（8）：16~22.

王来明，王世进，宋志勇，等．2021. 中国区域地质志・山东志．北京：地质出版社，1~1450.

王强，赵振华，熊小林．2000. 桐柏-大别造山带燕山晚期 A 型花岗岩的厘定．岩石矿物学杂志，19（4）：297~306.

王青，宋晓媚，刘洪华，等．2021. 灵山岛地质遗迹特征与旅游开发．海洋地质前沿，37（9）：36~48.

王世进，万渝生，王伟，等．2010. 山东崂山花岗岩形成时代——锆石 SHRIMP U-Pb 定年．山东国土资源，26（10）：1~5.

吴拓宇，赵淑娟，付永涛．2010. 青岛八仙墩海相碎屑岩的岩石地球化学特征及其油气研究意义. 地质科学，45（4）：1156~1169.

吴元保，郑永飞．2004. 锆石成因矿物学研究及其对 U-Pb 年龄解释的制约．科学通报，49（16）：1589~1604.

夏增明，刘俊来，倪金龙，等．2016. 胶东东部鹊山变质核杂岩结构、演化及区域构造意义．中国科学：地球科学，46（3）：356~373.

徐树桐，刘贻灿，江来利．1994. 大别山的构造格局和演化．北京：科学出版社：1~74.

徐夕生，邱检生．2010. 火成岩岩石学．北京：科学出版社．

徐扬，冯岩，李日辉．2011. 胶北地块前寒武纪基底研究新进展．现代地质，25（5）：965~974.

许红，卢树参，葛和平，等．2015. 南黄海盆地白垩系油气赋存特征与 2 类烃源岩．海洋地质前沿，31（4）：13~20.

许志琴，李源，梁凤华，等．2015.“秦岭-大别-苏鲁”造山带中“古特提斯缝合带”的连接. 地质学报，89（4）：671~680.

许志琴，刘福来，戚学祥，等．2006. 南苏鲁超高压变质地体中罗迪尼亚超大陆裂解事件的记录．岩石学报，22（7）：1745~1760.

杨进辉，朱美妃，刘伟，等．2003. 胶东地区郭家岭花岗闪长岩的地球化学特征及成因．岩石学报，19（4）：692~700.

杨立强，邓军，王中亮，等．2014. 胶东中生代金成矿系统．岩石学报，30（9）：2447~2467.

易雪斐，张昌民，李少华，等．2012．砂岩侵入体的形成机制分析．古地理学报，14（6）：727～732.

张海春，吕洪波，李建国，等．2013．山东青岛早白垩世新地层单位——灵山岛组．地层学杂志，37（2）：216～222.

张华锋，翟明国，童英，等．2006．胶东半岛山佛山高 Sr-Ba 花岗岩的成因．地质论评，52（1）：43～53.

张娟．2011．苏鲁造山带中生代岩浆岩地球化学研究．合肥：中国科学技术大学，1～163.

张琳，董春艳，刘守偈，等．2016．华北克拉通乌拉山地区早前寒武纪岩浆作用和变质作——锆石 SHRIMP U-Pb 定年及岩石地球化学研究．地质论评，62（6）：1419～1438.

张书凯，孟元库，王泽利．2019．山东青岛灵山岛流纹岩岩石成因及构造环境新认识．高校地质学报，25（5）：654～669.

张泽明，张金凤，游振东，等．2005．苏鲁造山带超高压变质作用及其 $P-T-t$ 轨迹．岩石学报，21（2）：257～270.

张振凯，周瑶琪，彭甜明，等．2017．山东灵山岛莱阳群粉砂岩地球化学特征及意义．地球科学，42（3）：357～377.

章朋，旷红伟，柳永清，等．2016．胶莱盆地白垩系林寺山组砾岩沉积特征及盆地演化意义．沉积学报，34（1）：15～32.

赵广涛，曹钦臣，王德滋，等．1997．崂山花岗岩锆石 U-Pb 年龄测定及其意义．中国海洋大学学报（自然科学版），27（3）：382～388.

赵振华．2016．微量元素地球化学原理．北京：科学出版社，101～102.

赵子福，郑永飞，戴立群．2013．大陆碰撞造山带花岗岩中继承锆石成因与岩浆源区性质．科学通报，58（23）：2285～2289.

郑永飞．2008．超高压变质与大陆碰撞研究进展：以大别-苏鲁造山带为例．科学通报，53（18）：2129～2152.

郑永飞．2022．汇聚板块边缘地球系统科学．北京：科学出版社．

钟建华，倪良田，邵珠福，等．2016．青岛灵山岛下白垩统风暴岩与风暴沉积的发现及意义．古地理学报，18（3）：381～398.

钟建华．2012．灵山岛中生代沉积岩是深水远源浊积岩、还是陆内三角洲沉积——与吕洪波教授商榷．地质论评，58（6）：1180～1182.

周建波，韩伟，宋明春．2016．苏鲁地体折返与郯庐断裂活动：莱阳盆地中生界碎屑锆石年代学的制约．岩石学报，32（4）：1171～1181.

周建波，曾维顺，曹嘉麟，等．2013．苏鲁造山带的构造格局与演化：来自苏鲁超高压带浅变质岩的制约．科学通报，58（23）：2338～2343.

周腾飞，周瑶琪，Nina S，等．2022．苏鲁造山带中部晚中生代裂谷作用与深部动力机制——来自灵山岛的记录．中国科学：地球科学，52（10）：2002～2022.

周瑶琪，张振凯，许红，等．2015a．灵山岛沉积物软变形构造特征．海洋地质前沿，31（4）：42～54.

周瑶琪，张振凯，梁文栋，等．2015b．山东东部晚中生代构造-岩浆活动及原型盆地恢复．地学前缘，22（1）：137～156.

周瑶琪，周腾飞，张振凯，等．2017．山东省灵山岛下白垩统青山群地震软沉积变形构造特征及成因机制．古地理学报，19（4）：567～582.

朱光，谢成龙，王勇生，等．2005．郯庐高压走滑韧性剪切带特征及其 $^{40}Ar/^{39}Ar$ 定年．岩石学报，21（6）：1687～1702.

朱筱敏．2008．沉积岩石学．北京：石油工业出版社，1～479.

Aldanmaz E, Pearce J A, Thirlwall M F, et al. 2000. Petrogenetic evolution of late Cenozoic, post-collision volcanism in western Anatolia, Turkey. Journal of volcanology and geothermal research, 102: 231～244.

Allen J R L. 1977. The possible mechanics of convolute lamination in graded sand beds. Journal of the Geological Society, London, 134: 19～31.

Allen J R L. 1982. Sedimentary structures, their character and physical basis, Vol. 2. Developments in Sedimentology, Vol. 30B. Amsterdam: Elsevier, 1～663.

Alsop G I, Marco S. 2011. Soft-sediment deformation within seismogenic slumps of the Dead Sea Basin. Journnal of Structural Geology, 33: 433~457.

Alsop G I, Marco S. 2013. Seismogenic slump folds formed by gravity-driven tectonics down a negligible subaqueous slope. Tectonophysics, 605: 48~69.

Alsop G I, Weinberger R, Marco S, et al. 2019. Identifying soft-sediment deformation in rocks. Journal of Structural Geology, 125: 248~255.

Altermann W. 1986. The Upper Paleozoic pebbly mudstone facies of peninsular Thailand and western Malaysia-continental margin deposits of Paleoeurasia. Geologische Rundschau, 75: 371~381.

Altherr R, Holl A, Hegner E. 2000. High-potassium, calc-alkaline I-type plutonism in the European Variscides: Northern Vosges (France) and northern Schwarzwald (Germany). Lithos, 50: 51~73.

Andersen T. 2002. Correction of common lead in U-Pb analyses that do not report ^{204}Pb. Chemical Geology, 192 (1-2): 59~79.

Arivoli S, Thenkuzhali M, Prasath M D. 2009. Adsorption of rhodamine B by acid activated carbon-Kinetic, thermodynamic and equilibrium studies. Orbital, 1 (2): 138~155.

Audemard F A, De Santis F. 1991. Survey of liquefaction structures induces by moderate recent earthquakes. Bulletin of the International Association of Engeneering Geology, 44: 5~16.

Black L P, Kamo S L, Allen C M, et al. 2003. TEMORA 1: A new zircon standard for Phanerozoic U-Pb geochronology. Chemical Geology, 200: 155~170.

Boggs S. 2006. Principles of sedimentology and stratigraphy (Fourth Edition). New Jersey: Prentice Hall, 1~662.

Boucot A J, Shen X, Scotese C R, et al. 2013. Phanerozoic Paleoclimate: An Atlas of Lithologic Indicators of Climate. Society for Sedimentary Geology, Tulsa, Oklahoma.

Bouvier A, Vervoort J D, Patchett P J. 2008. The Lu-Hf and Sm_ Nd isotopic composition of Chur: Constraints from unequilibrated chondrites and implications for the bulk composition of terrestrial planets. Earth and Planetary Science Letters, 273: 48~57.

Boynton W V. 1984. Cosmochemistry of the rare earth elements: meteorite studies. Developments in Geochemistry, 2: 63~114.

Boztug D, Harlavan Y, Arehart G B, et al. 2007. K-Ar Age, whole-rock and isotope geochemistry of A-type granitoids in the Divrigi-Sivas region, eastern-central Anatolia, Turkey. Lithos, 97 (1-2): 193~218.

Briguen L, Bouganlt H, Joron J L. 1984. Quantification of Nb, Ta, Ti and V anomalies in magmas associated with subduction zones: petrogenetic implications. Earth and Planetary Science Letters, 68: 297~308.

Burg J P, Harris L B. 1982. Tension fractures and boudinage oblique to the maximum extension direction: an analogy with lüders' bands. Tectonophysics, 83: 347~363.

Cao H H, Xu W L, Pei F P, et al. 2013. Zircon U-Pb geochronology and petrogenesis of the Late Paleozoic-Early Mesozoic intrusive rocks in the eastern segment of the norther margin of the North China block. Lithos, 170-171: 191~207.

Carswell D A, Compagnoni R. 2003. Ultra-high Pressure Metamorphism. Eur Mineral Union Notes, 1~508.

Cawood P A, Hawkesworth C J, Dhuime B. 2012. Detrital zircon record and tectonic setting. Geology, 40 (10): 875~878.

Chang Z S, Vervoort J D, McClelland W C, et al. 2006. U-Pb dating of zircon by LA-ICP-MS. Geochemistry Geophysics Geosystems, 7 (5): 1~14.

Chappell B W, White A J R. 1992. I- and S-type granites in the Lachlan Fold Belt. Transactions of the Royal Society of Edinburgh: Earth Sciences, 83 (1-2): 1~26.

Chappell B W, White A J R. 2001. Two contrasting granite types: 25 years later. Australian Journal of Earth Sciences, 48: 489~499.

Chappell B W. 1999. Aluminum saturation in I-and S-type granites and the characterization of fractionatedhaplogranites. Lithos, 46: 535~551.

Chen B, Jahn B M, Arakawa A, et al. 2004. Petrogenesis of the Mesozoic intrusive complexes from the southern Taihang orogeny, North China craton and Sr-Nd-Pb isotopic constraints. Contributions to Mineralogy and Petrology, 148: 489~501.

Chen J F, Xie Z, Li H M, et al. 2003. U-Pb zircon ages for a collision-related K-rich complex at Shidao in the Sulu ultrahigh pressure terrane, China. Geochemical Journal, 37: 35~46.

Chen J, Van Loon A J, Han Z, et al. 2009. Funnel-shaped, breccia-filled clastic dykes in the Late Cambrian Chaomidian Formation (Shandong Province, China). Sedimentary Geology, 221: 1~6.

Clennell B. 1991. The origin and tectonic significance of mélanges in Eastern Sabah, Malaysia. Journal of Southeast Asian Earth Sciences, 6: 407~429.

Cojan I, Thiry M. 1992. Seismically induced deformation structures in Oligocene shallow-marine and aeolian coastal sands (Paris Basin). Tectonophysics, 206: 79~89.

Condie K C. 1986. Geochemistry and tectonic setting of Early Proterozoic supracrustal rocks in the southwestern United States. The Journal of Geology, 94 (6): 845~864.

Condie K C. 1989. Geochemical changes in baslts and andesites across the Archean-Proterozoic boundary: Identification and significance. Lithos, 23 (1): 1~18.

Corfu F, Hanchar J M, Hoskin P W, et al. 2003. Atlas of zircon textures. Reviews in Mineralogy and Geochemistry, 53 (1): 469~500.

Dabrowski M, Grasemann B. 2014. Domino boudinage under layer-parallel simple shear. Journal of Structural Geology, 68A: 58~65.

De Hollanda M H B M, Pimentel M M, et al. 2003. Paleoproterozoic subductionrelated metasomatic signatures in the lithospheric mantle beneath NE Brazil: inferences from trace element and Sr-Nd-Pb isotopic compositions of Neoproterozoic high-K igneous rocks. Journal of South American Earth Sciences, 15: 885~900.

Defant M J, Drummond M S. 1990. Derivation of some modern arc magmas by melting of young subducted lithosphere. Nature, 347: 662~665.

Defant M, Xu J, Kepezhinskas P, et al. 2002. Adakites: Some variations on a theme. Acta Petrologica Sinica, 18: 129~142.

De Paolo D J, Daley E E. 2000. Neodymiun isotopes in basalts of the southwest basin and range and lithospheric thinning during continental extension. Chemical Geology, 169 (1-2): 157~185.

Dostal J, Chatterjee A K. 2000. Constrasting behaviour of Nb/Ta and Zr/Hf ratios in a peraluminous granitic pluton (Nova Scotia, Canada). Chemical Geology, 163: 207~218.

Dugué O. 1995. Séismites dans le Jurassique supérieur du Bassin anglo-parisien (Normandie, Oxfordien supérieur, Calcaire gréseux de Hennequeville). Sedimentary Geology, 99: 73~93.

Eby G N. 1990. A-type granitoids: A review of their occurrence and chemical characteristics and speculations on their petrogenesis. Lithos, 26 (1-2): 115~134.

Eby G N. 1992. Chemical subdivision of the A-type granitoids: Petrogenetic and tectonic implications. Geology, 20 (7): 641~644.

Elliott T. 2005. Sedimentary Environments-Deltas. Encyclopedia of Geology. Elsevier, Amsterdam, 528~539.

Ernst W G, Tsujimori T, Zhang R Y, et al. 2007. Permo-Triassic collision, subduction-zone metamorphism, and tectonic exhumation along the East Asian continental margin. Annual Review of Earth and Planetary Sciences, 35: 73~110.

Etienne S, Mulder T, Bez M, et al. 2012. Multiple scale characterization of sand-rich distal lobe deposit variability: examples from the Annot Sandstones Formation, Eocene-Oligocene, SE France. Sedimentary Geology, 273 (274): 1~18.

Feng Z Z. 2017. A brief review on 7 papers from the special issue of "The environmental significance of soft-sediment deformation" of the Sedimentary Geology. Journal of Paleogeography, 6 (4): 243~250.

Festa A, Dilek Y, Gawlick H J, et al. 2014. Mass-transport deposits, olistostromes and soft-sediment deformation in modern and ancient continental margins, and associated natural hazards. Marine Geology, 356: 1~4.

Field M E, Gardner V, Jennings A E, et al. 1982. Earthquake-induced sediment failures on a 0.25° slope, Klamath river delta, California. Geology, 10: 542~546.

Fossen H, Teyssier C, Whitney D L. 2013. Transtensional folding. Journal of Structural Geology, 56: 89~102.

Frost B R, Barnes C G, Collins W J, et al. 2001. A geochemical classification for granitic rocks. Journal of Petrology, 42 (11): 2033~2048.

Galli P. 2000. New empirical relationships between magnitude and distance for liquefaction. Tectonophysics, 324: 169~187.

Gao S, Ling W L, Qiu Y M, et al. 1999. Contrasting geochemical and Sm-Nd isotopic compositions of Archean metasediments from the Kongling high-grade terrain of the Yangtze Craton: Evidence for cratonic evolution and redistribution of REE during crustal anataxis. Geochimica et Cosmochimica Acta, 63: 2071~2088.

Gao S, Luo T C, Zhang B R, et al. 1998. Chemical composition of the continental crust as revealed by studies in East China. Geochimica et Cosmochimica Acta, 62 (11): 1959~1975.

Gao S, Rudnick R L, Yuan H L, et al. 2004. Recycling continental crust in the North China craton. Nature, 432: 892~897.

García-Tortosa F J, Alfaro P, Gilbert L, et al. 2011. Seismically induced slump on an extremely gentle slope (1°) of the Pleistocene Tecopa paleoake (California). Geology, 39: 1055~1058.

Ghosh S K, Pandey A K, Pandey P, et al. 2012. Soft-sediment deformation structures from the Paleoproterozoic Damtha Group of Garhwal Lesser Himalaya, India. Sedimentary Geology, 261 (262): 76~89.

Gill J B. 1987. Early geochemical evolution of an oceanic island arc and back arc: Fiji and the south Fiji basin. Journal of Geology, 95: 589~615.

Goolaerts A, Mattielli N, De Jong J, et al. 2004. Hf and Lu isotopic reference values for the zircon standard 91500 by MC-ICP-MS. Chemical Geology, 206: 1~9.

Goscombe B D, Passchier C W, Hand M. 2004. Boudinage classification: end-member boudin types and modified boudin structures. Journal of Structureal Geology, 26: 739~763.

Griffin W L, Pearson N J, Belousova E, et al. 2000. The Hf isotope composition ofcratonic mantle: LAM-MC-ICPMS analysis of zircon megacrysts in kimberlites-Kimberlites and related rocks. Geochimica et Cosmochimica Acta, 64 (1): 133~147.

Griffin W L, Wang X, Jackson S E, et al. 2002. Zircon chemistry and magma mixing, SE China: in-situ analysis of Hf isotopes, Tonglu and Pingtan igneous complexes. Lithos, 61 (3-4): 237~269.

Grimmer J C, Ratschbacher L, Williams M M, et al. 2003. When did the ultrahigh-pressure rocks reach the surface? A $^{207}Pb/^{206}Pb$ zircon, $^{40}Ar/^{39}Ar$ white mica, Si-in white mica, single-grain provenance study of Dabie Shan synorogenic foreland sediments. Chemical Geology, 197: 87~110.

Guiraud M, Plaziat J C. 1993. Seismites in the fluviatile Bima sandstones: identification of paleoseisms and discussion of their magnitudes in a Cretaceous synsedimentary strike-slip basin (Upper Benue, Nigeria). Tectonophysics, 225: 493~522.

Guo F, Fan W M, Wang Y J, et al. 2001. Late Mesozoic mafic intrusive complexes in North China Block: Constrain on the nature of subcontinental lithospheric mantle. Physics and Chemistry of Earth (A), 26: 759~771.

Guo F, Nakamuru E, Fan W M, et al. 2007. Generation of Palaeocene adakitic andesites by magma mixing, Yanji Area, NE China. Journal of Petrology, 48: 661~692.

Gómez-Frutos D, Castro A. 2023. Mafic microgranular enclaves (MMEs) trace the origin of post-collisional magmas. Geology, 51 (8): 743~747.

Hacker B R, Wallis S R, Mcwilliams M O, et al. 2009. $^{40}Ar/^{39}Ar$ constraints on the tectonic history and architecture of the ultra-high-pressure Sulu orogen. Journal of Metamorphic Geology, 27 (9): 827~844.

Hao L L, Wang Q, Wyman D A, et al. 2019. First identification of postcollisional A-type magmatism in the Himalayan-Tibetan orogen. Geology, 47: 187~190.

Harris N B W, Xu R H, Lewis C L, et al. 1985. Isotope geochemistry of the 1985 Tibetgeotraverse, Lhasa to Golmud. Philosophical Transactions of the Royal Society A: Mathematical, Physical and Engineering Sciences, 327 (1594): 263~285.

Hasegawa H, Tada R, Jiang X, et al. 2012. Drastic shrinking of the Hadley circulation during the mid-Cretaceous Supergreenhouse. Clim. Past, 8: 1323~1337.

He B, Qiao X, Zhang Y, et al. 2015. Soft-sediment deformation structures in the Cretaceous Zhucheng Depression, Shandong Province, East China; their character, deformation timing and tectonic implications. Journal of Asian Earth Sciences, 110: 101~122.

He Y S, Li S G, Hoefs J, et al. 2011. Post-collisional granitoids from the Dabie orogen: New evidence for partial melting of thickened continental crust. Geochimica et Cosmochimica Acta, 75: 3815~3838.

Hirose K. 1997. Melting experiments on lherzolite KLB-1 under hydrous conditions and generation of high-magnesian andesitic melts. Geology, 25 (1): 42~44.

Hoefs J. 2009. Stable isotope geochemistry. 6th ed. Heidelberg: Springer-Verlag, 284.

Hofmann A W. 1988. Chemical differentiation of the Earth: The relationship between mantle, continental crust, and oceanic crust. Earth and Planetary Science Letters, 90 (3): 297~314.

Hoskin P W O, Schaltegger U. 2003. The composition of zircon and igneous and metamorphic petrogenesis. Reviews in Mineralogy and Geochemistry, 53 (1): 27~62.

Huang F, Li S G, Dong F, et al. 2008. High-Mgadakitic rocks in the Dabie orogen, central China: implications for foundering mechanism of lower continental crust. Chemical Geology, 255: 1~13.

Huang F, Li S G, Dong F, et al. 2007. Recycling of deeply subducted continental crust in the Dabie Mountains, central China. Lithos, 96: 151~169.

Ickert R B, Hiess J, Williams I S, et al. 2008. Determining high precision, in situ, oxygen isotope ratios with a SHRIMP II: analyses of MPI-DING silicate-glass reference materials and zircon from contrasting granites. Chem. Geol., 257: 114~128.

Irvine T N, Baragar W R A. 1971. A guide to the chemical classification of the common volcanic rocks. Canadian Journal of Earth Sciences, 8 (5): 523~548.

Jackson S E, Pearson N J, Griffin W L, et al. 2004. The application of laser ablation-inductively coupled plasma-mass spectrometry (LA-ICP-MS) to in-situ U-Pb zircon geochronology. Chemical Geology, 211 (1-2): 47~69.

Jahn B M, Chen B. 2007. Dabieshan UHP metamorphic terrane: Sr-Nd-Pb isotopic constraint to pre-metamorphic subduction polarity. Int. Geol. Rev, 49: 14~29.

Jiang N, Liu Y S, Zhou W G, et al. 2007. Derivation of Mesozoic adakitic magmas from ancient lower crust in the North China craton. Geochimica et Cosmochimica Acta, 71: 2591~2608.

Johannes W, Holtz F. 1996. Petrogenesis and Experiment Petrology of Granitic Rock. Berlin: Springer-Verlag, 1~254.

Kazemi K, Kananian A, Xiao Y L, et al. 2018. Petrogenesis of Middle-Eocene granitoids and their mafic microgranular enclaves in central Urmia-Dokhtar Magmatic Arc (Iran): Evidence for interaction between felsic and mafic magmas. Geoscience Frontiers, 10: 705~723.

Kelemen P B, Johnson K T M, Kinzler R J, et al. 1990. High-field strength element depletions in arc basalts due to mantle-magma interaction. Nature, 345 (6275): 521~524.

King P L, White A J R, Chappell B W, et al. 1997. Characterization and origin ofaluminous A-type granites from the Lachlan Fold Belt, southeastern Australia. Journal of Petrology, 38 (3): 371~391.

Kuenen P H. 1958. Experiments in geology. Transactions of the Geological Society of Glasgow, 23: 1~26.

Langmuir C H, Vocke R D, Hanson G N, et al. 1978. A general mixing equation with applications to Icelandic basalts. Earth and Planetary Science Letters, 37: 380~392.

Le Bas M J, LeMaitre R W, Streckeisen A, et al. 1986. A chemical classification of volcanic rocks based on the total alkalisilica diagram. Journal of Petrology, 27 (3): 745~750.

Leech M L, Webb L E. 2013. Is the HP-UHP Hong'an-Dabie-Sulu orogen a piercing point for offset on the Tan-Lu Fault? Journal of Asian Earth Sciences, 63: 112~129.

Li H Y, Chen R X, Zheng Y F, et al. 2016. The crust-mantle interaction in continentalsubdution channels: zircon evidence from orogenic peridotite in the Sulu orogeny. Journal of Geophysical Research: Solid Earth, 121. doi: 10. 1002/2015JB012232.

Linnen R L, Keppler H. 1997. Columbite solubility in granitic melts: Consequence for the enrichment and fractionation of Nb and Ta in the Earth's crust. Contributions to Mineralogy and Petrology, 128: 213~227.

Liou J G, Zhang R Y, Eide E A, et al. 1996. Metamorphism and tectonics of high-pressure and ultra-high-pressure belts in the Dabie-Sulu region, China. In: Harrison, M. T., Yin, A. (Eds.), the Tectonics of Asia. Cambridge University Press, London, 300~344.

Liou J G, Zhang R Y, Jahn B-M. 2000. Petrological and geochemical characteristics of ultrahigh-pressure metamorphic rocks from the Dabie-Sulu terrane, east-central China. Int. Geol. Rev., 42: 328~352.

Liu F L, Gerdes A, Liu P H. 2012. U-Pb, trace element and Lu-Hf properties of unique dissolution-reprecipitation zircon from UHP eclogite in SW Sulu terrane, eastern China. Gondwana Research, 22 (1): 169~183.

Liu F L, Liou J G. 2011. Zircon as the best mineral for P-T-time history of UHP metamorphism: A review on mineral inclusions and U-Pb SHRIMP ages of zircons from the Dabie-Sulu UHP rocks. Journal of Asian Earth Sciences, 40: 1~39.

Liu F L, Liu L S, Liu P H, et al . 2017. A relic slice of Archean-early Paleoproterozoic basement of Jiaobei Terrane identified within the Sulu UHP belt: evidence from protolith and metamorphic ages from meta-mafic rocks, TTG-granitic gneisses, and metasedimentary rocks in the Haiyangsuo region. Precambrian Research, 303: 117~152.

Liu F L, Xu Z Q, Liou J G. 2004. Tracing the boundary between UHP and HP metamorphic belts in the southwestern Sulu terrane, eastern China: evidence from mineral inclusions in zircons from metamorphic rocks. Int. Geol. Rev., 46: 409~425.

Liu J G, Cai R H, Pearson D G, et al. 2019. Thinning and destruction of the lithospheric mantle root beneath the North China Craton: A review. Earth-Science Reviews, 196: 102~873.

Liu J L, Shen L, Ji M, et al. 2013. The Liaonan/Wanfu paired metamorphic core complexes in the Liaodong Peninsula: Progressive exhumation and constraints on destruction of the North China craton. Tectonics, 32: 1121~1141.

Liu S, Hu R Z, Gao S, et al. 2008. Zircon U-Pb geochronology and major, trace elemental and Sr-Nd-Pb isotopic geochemistry of mafic dykes in western Shandong province, East China: constrains on their petrogenesis and geodynamic significance. Chemical Geology, 255: 329~345.

Liu X M, Ga S, Diwu C R, et al. 2008. Precambrian crustal growth of Yangtze Craton as revealed by detrital zircon studies. American Journal of Science, 308 (4): 421~468.

Liu Y S, Hu Z C, Zong K Q, et al. 2010. Reappraisement and refinement of zircon U-Pb isotope and trace element analyses by LA-ICP-MS. Chinese Science Bulletin, 55 (15): 1535~1546 (English Edition).

Lloyd G E, Ferguson C C, Reading K. 1982. A stress-transfer model for the development of extension fracture boudinage. Journal of Structural Geology, 4: 355~372.

Loiselle M C, Wones D R. 1979. Characteristics and origin of anorogenic granites. Geological Society America Abstract, 11: 468.

Lowe D R. 1975. Water escape structures in coarse-grained sediments. Sedimentology , 22: 157~204.

Ludwig K R. 2003. User's Manual forIsoplot 3.00: A geochronological toolkit for Microsoft excel. Berkeley CA: Berkeley Geochronology Center, 4: 1~70.

Maniar P D, Piccoli P M. 1989. Tectonic discrimination of granitoids. GeologicalSociety of America Bulletin, 101 (5): 635~643.

Marques F O, Fonseca P D, Lechmann S, et al. 2012. Boudinage in nature and experiment. Tectonophysics, 526 (529): 88~96.

McCabe A M, Carter R W G, Haynes J R. 1994. A shallow marine emergent sequence from the northwestern sector of the last British ice sheet, Portballintrae, Northern Ireland. Marine Geology, 117: 19~34.

Meng Y K, Santosh M, Li R H, et al. 2018. Petrogenesis and tectonic implications of Early Cretaceous volcanic rocks from Lingshan Island in the Sulu Orogenic Belt. Lithos, 312-313: 244~257.

Meng Y K, Wang Z B, Gao B P, et al. 2020. Petrogenesis and Tectonic Implications of the Early Cretaceous Granitic Pluton in the Sulu Orogenic Belt: The Caochang Granitic Pluton as an Example. Minerals, 10 (5): 10~432.

Meng Y K, Xiong F H, Xu Z Q, et al. 2019. Petrogenesis of Late Cretaceous mafic enclaves and their host granites in the Nyemo region of southern Tibet: Implications for the tectonic-magmatic evolution of the Central Gangdese Belt. Journal of Asian Earth Sciences, 176: 27~41.

Meng Y K, Xu Z Q, Santosh M, et al. 2016. Late Triassic crustal growth in southern Tibet: Evidence from the Gangdese magmatic belt. Gondwana Research, 37: 449~464.

Merle R, Scharer U, Girardeau J, et al. 2006. Cretaceous seamounts along the continent ocean transition of the Iberian margin: U-Pb ages and Pb-Sr-Hf isotopes. Geochimica et Cosmochimica Acta, 70 (19): 4950~4976.

Middlemost E A K. 1994. Naming materials in the magma/igneous rock system. Earth Science Review, 37 (3-4): 215~224.

Miller C, Schuster R, Klotzli U, et al. 1999. Post-collisional potassic and ultrapotassic magmatism in SW Tibet: geochemical and Sr-Nd-Hf-O isotopic constraints for mantle source characteristics and petrogenesis. Journal of Petrology, 40: 1399~1424.

Mohindra R, Bagati T N. 1996. Seismically induced soft-sediment deformation structures (Seismites) around Sumdo in the lower spiti valley (Tethys Himalaya). Sedimentary Geology, 101 (1-2): 69~83.

Molina J M, Alfaro P, Moretti M. 1998. Soft-sediment deformation structures induced by cyclic stress of storm-waves in tempestites (Miocene, Guadalquivir Basin, Spain). Terra Nova, 10: 145~150.

Montenat C, Barrier P, Ott'd Estevou, et al. 2007. Seismites: an attempt at critical analysis and classification. Sedimentary Geology, 196: 5~30.

Moretti M, Alfaro P, Owen G. 2016. The environmental significance of soft-sediment deformation structures: key signatures for sedimentary and tectonic processes. Sedimentary Geology, 344: 1~4.

Moyen J F, Laurent O, Chelle-Michou, et al. 2017. Collision vs. subduction-related magmatism: two contrasting ways of granite formation and implications for crustal growth. Lithos, 277: 154~177.

Moyen J F. 2009. High Sr/Y and La/Yb ratios: the meaning of the adakitic signature. Lithos, 112: 556~574.

Nasdala L, Hofmeister W, Norberg N, et al. 2008. Zircon M257-a homogeneous natural reference material for the ion microprobe U-Pb analysis of zircon. Geostandards and Geoanalytical Research, 32: 247~265.

Ni J L, Liu J L, Tang X L, et al. 2013. TheWulian metamorphic core complex: A newly discovered metamorphic core complex along the Sulu orogenic belt, eastern China. Journal of Earth Science, 24: 297~313.

Ni J L, Liu J L, Tang X L, et al. 2015. Early Cretaceous exhumation of the Sulu orogenic belt as a consequence of the eastern Eurasian tectonic extension: insights from the newly discovered Wulian metamorphic core complex, eastern china. Journal of the Geological Society, 68 (8): 2014~2122.

Obermeier S P, Martin R F, Rankel T L M, et al. 1993. Liquefaction Evidence for One or More Strong Holocene Earthquakes in the Wabash Valley of Southern Indiana and Illinois. United States Geological Survey Professional Paper 1536, 27 pp.

Ogata K, Pogačnik Ž, Pini G A, et al. 2014. The carbonate mass transport deposits of the Paleogene Friuli Basin (Italy/Slovenia): internal anatomy and inferred genetic processes. Marine Geology, 356: 88~110.

Ogiwara H, Ito M. 2011. Origin and internal organization of widespread composite soft-sediment deformation units in a deep-water forearc basin: the lower Pleistocene Kazusa Group on the Boso Peninsula, Japan. Sedimentary Geology, 237: 209~221.

Okay A L, Xu S T, Sengör A M C. 1989. Coesite from the Dabie Shan eclogites, central China. European Journal of Mineralogy, 1: 595~598.

Owen G, Moretti M, Alfaro P, et al. 2011. Recognising triggers for soft-sediment deformation: current understanding and future directions. Sedimentary Geology, 235: 133~140.

Owen G. 1996. Experimental soft-sediment deformation: structures formed by the liquefaction of unconsolidated sands and some ancient examples. Sedimentology, 43: 279~293.

Patino Douce A E. 1999. What do experiments tell us about therelativecontributions of crust and mantle to the origin of granitic magmas? In: Castro, A, Fernandez, C., Vigneresse, J. L. (Eds.), Understanding Granites: IntergratingNew and Classical Techniques, 168. Special Publications, Geological Society London, 55~75.

Patiño Douce A E, Beard J S. 1995. Dehydration-melting of biotite gneiss and quartz amphibolite from 3 to 15 kbar. Journal of Petrology, 36: 707~738.

Pearce J A, Peate D W. 1995. Tectonic implications of the composition of volcanic arc magmas. Annual Review of Earth and Planetary Sciences, 23: 251~285.

Pearce J A. 1983. The role of sub-continental lithosphere in magma genesis at destructive plate margins. In: Hawkesworth C J and Norry M J (eds.) Continental Basalts and Mantle Xenoliths. Nantwich Shiva: Academic Press, 230~249.

Peccerillo A, Taylor S R. 1976. Geochemistry of Eocene calc-alkaline volcanic rocks from the Kastamonu area, northern Turkey. Contributions to Mineralogy and Petrology, 58: 63~81.

Peters M, Veveakis M, Poule T, et al. 2015. Boudinage as a material instability of elasto-visco-plastic rocks. Journal of Structural Geology, 78: 86~102.

Petford N, Atherton M. 1996. Na-rich partial melts from newly underplated basalticcrust: The Cordillera Blanca Batholith. Peru. Journal of Petrology, 37: 1491~1521.

Pettijohn F J. 1987. Sand and sandstone. Springer, 1~553.

Pitcher W S. 1983. Granite type and tectonic environment. In: R. HsÜ (ed.) Mountain building Processes. London: Academic Press, 19~40.

Rapp R P, Watson E B, Miller C F. 1991. Partial melting of amphibolite/eclogite and the origin of Archeantrondhjemites and tonalities. Precambrian Research, 51 (1-4): 1~25.

Rapp R P, Watson E B. 1995. Dehydration melting of meta-basalt at 8-32 kbar: implications for continental growth and crust-mantle recycling. Journal of Petrology, 36: 891~931.

Ren J Y, Tamaki K, Li S T, et al. 2002. Late Mesozoic and Cenozoic rifting and its dynamic setting in Eastern China and adjacent areas. Tectonophysics, 344: 175~205.

Richards J P, Kerrich R. 2007. Adakie-like rocks: Their diverse origins and questionable role in metallogenesis. Ecnomic Geology, 102: 537~576.

Rodríguez-Pascua M A, Calvo J P, De Vicente G, et al. 2000. Soft-sediment deformation structures interpreted as seismites in lacustrine sediments of the Prebetic Zone, SE Spain, and their potential use as indicators of earthquake magnitudes during the Late Miocene. Sedimentary Geology, 135: 117~135.

Rudnick R L, Gao S. 2003. Composition of the continental crust. Treatise on Geochemistry, 3: 164.

Santosh M, Teng X M, He X F, et al. 2016. Corrigendum to Discovery of Neoarchean suprasubduction zone ophiolite suite from Yishui Complex in the North China Craton. Gondwana Research, 38: 1~27.

Schmidberger S S, Hegner E. 1999. Geochemistry and isotope systematics of calc-alkaline volcanic rocks from the Saar-Nahe basin (SW Germany): Implications for Late-Variscan orogenic development. Contributions to Mineralogy and Petrology, 135 (4): 373~385.

Seilacher A. 1969. Fault-graded beds interpreted as seismites. Sedimentology, 13: 155~159.

Shanmugam G. 2009. Slides, Slumps, Debris Flows, and Turbidity Currents. Encyclopedia of Ocean Sciences, second ed. Elsevier, Amsterdam, 447~467.

Shao Z F, Zhong J H, Li Y, et al. 2014. Characteristics and sedimentary processes of lamina-controlled sand-particle imbricate structure in deposits onLingshan Island, Qingdao, China. Science China Earth Sciences, 57 (5): 1061~1076.

Sisson T W, Ratajeski K, Hankins W B, et al . 2005. Voluminous granitic magmas from common basaltic sources. Contributions to Mineralogy and Petrology, 148 (6): 635~661.

Skjerlie K P, Patiño Douce A E. 2002. The fluid-absent partial melting of a zoisite-bearing quartz eclogite from 1.0 to 3.2 Gpa: Implications for melting in thickened continental crust and for subduction zone processes. Journal of Petrology, 43: 291~314.

Sun J F, Yang J H, Wu F Y, et al. 2012. Precambrian crustal evolution of the eastern North China Craton as revealed by U-Pb ages and Hf isotopes of detrital zircons from the Proterozoic Jing'eryu Formation. Precambrian Research, 200-203: 184~208.

Sun S S, McDonough W F. 1989. Chemical and isotopic systematics of oceanic basalts: implications for mantle composition and processes. Geological Society London Special Publications, 42 (1): 313~345.

Söderlund U, Patchett P J, Vervoor J D, et al. 2004. The ^{176}Lu decay constant determined by Lu-Hf and U-Pb isotope systematics of Precambrian mafic intrusions. Earth and Planetary Science Letters, 219: 311~324.

Tang J, Zheng Y F, Wu Y B, et al. 2008. Zircon U-Pb age and geochemical constraints on the tectonic affinity of the Jiaodong terrane in the Sulu orogeny, China. Precambrian Research, 161: 389~418.

Tang J, Zheng Y F, Wu Y B, et al. 2007. Geochronology and geochemistry of metamorphic rocks in the Jiaobei terrane: constraints on its tectonic affinity in the Sulu orogeny. Precambrian Research, 152: 48~52.

Taylor S R, McLennan S M. 1985. The Continental crust: its composition and evolution. Oxford: Blackwell Scientific Publication, 1~132.

Thompson R N, Morrison M A. 1988. Asthenospheric and lower lithospheric mantle contributions to continental extensional magmatism: An example from the British Tertiary Province. Chemical Geology, 68: 1~15.

Tischendorf G, Paelchen W. 1985. Zur klassifikation von granitoiden/ classification of granitoids. Zeitschrift fuer Geologische Wissenschaften, 13 (5): 615~627.

Valley J W, Lackey J S, Cavosie A J. 2005. 4.4 billion years of crustal maturation: oxygen isotope ratios of magmatic zircon. Contrib. Mineral. Petrol, 150: 561~580.

Van Loon A J. 2009. Soft-sediment deformation structures in siliciclastic sediments: an overview. Geologos, 15: 3~55.

Van Loon A J, Han Z, Han Y. 2012. Slide origin of breccia lenses in the Cambrian of the North China Platform: new insight into mass transport in an epeiric sea. Geologos, 18: 223~235.

Van Loon A J, Wiggers A J. 1975. Holocene lagoonal silts (formerly called "sloef") from the Zuiderzee. Sedimentary Geology, 13: 47~55.

Van Loon A J, Wiggers A J. 1976. Metasedimentary "graben" and associated structures in the lagoonal Almere Member (Groningen Formation, The Netherlands). Sedimentary Geology, 16: 237~254.

Waldron J W F, Gagnon J F. 2011. Recognizing soft-sediment structures in deformed rocks of orogens. Journal of Structural Geology, 33: 271~279.

Wan Y S, Xie H Q, Yang H, et al. 2013a. Is the Ordos Block Archean or Paleoproterozoic in age? Implications for the Precambrian evolution of the North China Craton. American Journal of Science, 313: 683~711.

Wan Y S, Zhang Y H, Williams I S. 2013b. Extreme zircon O isotopic compositions from 3.8 to 2.5 Ga magmatic rocks from the Anshan area, North China Craton. Chemical Geology, 352: 108~124.

Wang J, Chang S C, Lu H B, et al. 2014. Detrital zircon U-Pb age constraints on Cretaceous sedimentary rocks of Lingshan Island and implications for tectonic evolution of Eastern Shandong, North China. Journal of Asian Earth Sciences, 96: 27~45.

Wang J, Chang S C, Wang K L, et al. 2015. Geochronology and geochemistry of Early Cretaceous igneous units from the central Sulu orogenic belt: evidence for crustal delamination during a shift in the regional tectonic regime. Journal of Asian Earth Sciences, 112: 49~59.

Wang J, Chang S, Lu H, et al. 2016. Detrital zircon provenance of the Wangshi and Laiyang groups of the Jiaolai basin: evidence for Early Cretaceous uplift of the Sulu orogeny, Eastern China. International Geology Review, 58 (6): 719~736.

Wang J, Chang S C, Lin P J, et al. 2016. Evidence of Early Cretaceous transpression in the Sulu orogenic belt, eastern China. Tectonophysics, 687: 44~55.

Watson E B, Harrison T M. 1983. Zircon saturation revisited: temperature and composition effects in a variety of crustal magma type. Earth and Planetary Science Letters, 64 (2): 295~304.

Weislogel A L, Graham S A, Chang E Z, et al. 2006. Detrital zircon provenance of the Late TriassicSongpan-Ganzi complex: Sedimentary record of collision of the North and South China blocks. Geology, 34 (2): 97~100.

Whalen J B, Currie K L, Chappell B W. 1987. A-type granites: geochemical characteristics, discrimination and petrogenesis. Contributions to Mineralogy and Petrology, 95 (4): 407~419.

White A J R, Chappell B W. 1983. Granitoid types and their distribution in the Lachlan Fold Belt, southeastern Australia. Geological Society America Memoir, 159: 21~34.

White R V, Tarney J, Kerr A C, et al. 1999. Modification of an oceanic plateau, Aruba. Dutch Caribbean: Implications for the generation of continental crust. Lithos, 46: 43~68.

Wilde S A, Valley J W, Peck W H, et al. 2001. Evidence from detrital zircons for the existence of continental crust and oceans on the Earth 4.4 Gyr ago. Nature, 409 (6817): 175~178.

Williams I S. 1998. U-Th-Pb geochronology by ion microprobe. In: McKibben M A, Shanks W C, Ridley, W. I. (Eds.), Applications of Microanalytical Techniques to Understanding Mineralizing Processes. Review of Economic Geology, 7: 1~35.

Wilson M. 1989. Igneous petrogenesis. London: Unwin Hyman Press, 295~323.

Winther K T. 1996. An experimentally based model for the origin of tonalitic and trondhjemitic melts. Chemical Geology, 127 (1-3): 43~59.

Wolf M B, Wyllie J P. 1994. Dehydration-melting of amphibolite at 10 kbar: The effects of temperature and time. Contributions to Mineralogy and Petrology, 115 (4): 369~383.

Wright J B. 1969. A simple alkalinity ratio and its application to questions of non-orogenic granite genesis. Geological Magazine, 106 (4): 370~384.

Wu F Y, Lin J Q, Wilde S A, et al. 2005. Nature and significance of the Early Cretaceous giant igneous event in eastern China. Earth and Planetary Science Letters, 233: 103~119.

Xia Z M, Liu J L, Ni J L, et al. 2016. Structure, evolution and regional tectonic implications of theQueshan metamorphic core complex in eastern Jiaodong Peninsula of China. Science China Earth Sciences, 59 (5): 997~1013.

Xie S W, Wu Y B, Zhang Z M, et al. 2012. U-Pb ages and trace elements of detrital zircons from early Cretaceous sedimentary rocks in the Jiaolai basin, north margin of the Sulu UHP terrane: Provenances and tectonic implications. Lithos, 154: 346~360.

Xu H J, Zhang J F, Wang Y F, et al. 2016. Late Triassic alkaline complex in the Sulu UHP terrane: Implications for post-collisional magmatism and subsequent fractional crystallization. Gondwana Research, 35: 390~410.

Xu H J, Ma C Q, Ye K. 2007. Early cretaceous granitoids and their implications for the collapse of the Dabie orogen, eastern China: SHRIMP zircon U-Pb dating and geochemistry. Chemical Geology, 240: 238~259.

Xu J F, Shinjo R, Defant M J, et al. 2002. Origin of Mesozoic adakitic intrusive rocks in the Ningzhen area of east China: Partialmelting of delaminated lower continental crust? Geology, 30: 1111~1114.

Xu S T, Okay A I, Ji S Y, et al. 1992. Diamond from the Dabie Shan metamorphic rocks and its implication for tectonic setting. Science, 256 (5053): 80~82.

Xu W L, Pei F P, Wang F, et al. 2013. Spatial-temporal relationships of Mesozoic volcanic rocks in NE China: constraints on tectonic overprinting and transformations between multiple tectonic regimes. Journal of Asian Earth Sciences, 74: 167~193.

Xu W C, Zhang H F, Luo B J, et al. 2015. Adakite-like geochemical signature produced by amphibole-dominated fractionation of arc magmas: An example from the Late Cretaceous magmatism in Gangdese belt, southern Tibet. Lithos, 232: 197~210.

Xu W L, Ji W Q, Pei F P, et al. 2009. Triassic volcanism in eastern Heilongjiang and Jilin provinces, NE China: Chronology, geochemistry, and tectonic implications. Journal of Asian Earth Sciences, 34 (3): 392~402.

Xu W L, Pei F P, Wang F, et al. 2013. Spatial-temporal relationships of Mesozoic volcanic rocks in NE China: constraints on tectonic overprinting and transformations between multiple tectonic regimes. Journal of Asian Earth Sciences, 74: 167~193.

Xu Z Q, Zeng L S, Liu F L, et al. 2006. Polyphase subduction and exhumation of theSulu high-pressure-ultrahigh-pressure metamorphic terrane. In: Hacker BR, McClelland WC, Liou JG (eds.), Ultrahigh-Pressure Metamorphism: Deep Continental Subduction. Geological Society of America Special Paper, 403: 93~113.

Xu Z, Zhao Z F, Zheng Y F. 2012. Slab-mantle interaction for thinning ofcratonic lithospheric mantle in North China: geochemical evidence from Cenozoic continental basalts in central Shandong. Lithos, 146-147: 202~217.

Xu Z Q, Zeng L S, Liu F L, et al. 2006. Polyphase subduction and exhumation of the Sulu high-pressure-ultrahigh-pressure metamorphic terrane. In: Hacker B R, McClelland W C, Liou J G (eds.), Ultrahigh-Pressure Metamorphism: Deep Continental Subduction. Geological Society of America Special Paper, 403: 93~113.

Yan Q S, Shi X F. 2014. Geochemistry and petrogenesis of the Cretaceous A-type granites in theLaoshan granitic complex, eastern China. Island Arc, 23: 221~235.

Yang D B, Xu W L, Xu Y G, et al. 2012. U-Pb ages and Hf isotope data from detrital zircons in the Neoproterozoic sandstones of northern Jiangsu and southern Liaoning provinces, China: Implications for the Late Precambrian evolution of the southeatern North China Craton. Precambrian Research, 216-219: 162~176.

Yang D B, Xu W L, Xu Y G, et al. 2013. Provenance of sediments from Mesozoic basins in western Shandong: Implications for the evolution of the North China Block. Journal of Asian Earth Sciences, 76: 12~29.

Yang D B, Xu W L, Xu Y G, et al. 2012. U-Pb ages and Hf isotope data from detrital zircons in the Neoproterozoic sandstones of northern Jiangsu and southern Liaoning provinces, China: Implications for the Late Precambrian evolution of the southeatern North China Craton. Precambrian Research, 216-219: 162~176.

Yang J H, Chung S L, Wilde S A, et al. 2005a. Petrogenesis of post-orogenic syenites in the Sulu Orogenic Belt, East China: geochronological, geochemical and Nd-Sr isotopic evidence. Chemical Geology, 214 (1): 99~125.

Yang J H, Wu F Y, Chung S L, et al. 2005b. Petrogenesis of Early Cretaceous intrusions in the Sulu ultrahigh-pressure orogenic belt, east China and their relationship to lithospheric thinning. Chemical Geology, 222 (3-4): 200~231.

Yang J S, Li T F, Chen S Z, et al. 2009. Genesis of garnet peridotites in the Sulu UHP belt: examples from the Chinese continental scientific drilling project-main hole, PP1 and PP3 drill holes. Tectonophysics, 475: 359~382.

Yang R C, Loon A J. (Tom) van. 2016. Early Cretaceous slumps and turbidites with peculiar soft-sediment deformation structures onLingshan Island (Qingdao, China) indicating a tensional tectonic regime. Journal of Asian Earth Sciences, 123: 206~219.

Yang Y T. 2013. An unrecognized major collision of the Okhotomorsk Block with East Asia during the Late Cretaceous, constraints on the plate reorganization of the Northwest Pacific. Earth-Sci. Rev., 126: 96~115.

Ye K, Cong B, Ye D. 2000. The possible subduction of continental material to depths greater than 200 km. Nature, 407: 734~736.

Yin A, Nie S. 1993. An indentation model for the north and south china collision and the development of the Tan-Lu and Honam Fault systems, eastern Asia. Tectonics, 12 (4): 801~813.

Zhai M G, Guo J H, Li Z. et al. 2008. Linking the Sulu UHP belt to the Korean peninsula: evidence from eclogite, Precambrian basement, and Paleozoic sedimentary basins. Gondwana Research, 12 (12): 388~403.

Zhang H F, Gao S, Zhong Z Q, et al. 2002a. Geochemical and Sr-Nd-Pb isotopic compositions of Cretaceous granitoids: constraints on tectonic framework and crustal structure of the Dabieshan ultrahigh-pressure metamorphic belt, China. Chemical Geology, 186: 281~289.

Zhang H F, Sun M, Zhou X H, et al. 2002b. Mesozoic lithosphere destruction beneath the North China Craton: Evidence from major trace element and Sr-Nd-Pb isotope studies ofFangcheng basalts. Contributions to Mineralogy and Petrology, 23 (2): 105~114.

Zhang H F, Sun M, Zhou X H, et al. 2005. Geochemical constraints on the origin of Mesozoic alkaline intrusive complexes from the North China craton and tectonic implications. Lithos, 81: 297~317.

Zhang J, Zhao Z F, Zheng Y F, et al. 2010. Postcollisional magmatism: geochemical constraints on the petrogenesis of Mesozoic granitoids in the Sulu orogeny, China. Lithos, 119 (3-4): 512~536.

Zhang J, Zhao Z F, Zheng Y F, et al. 2012. Zircon Hf-O isotope and whole-rock geochemical constraints on origin of post-collisional mafic dykes in the Sulu orogen. Lithos, 136-139: 225~245.

Zhang L M, Wang C S, Cao K, et al. 2016. High elevation ofJiaolai Basin during the Late Cretaceous: implication for the coastal mountains along the East Asian margin. Earth and Planetary Science Letters, 456: 112~123.

Zhang R Y, Pan Y M, Yang Y H, et al. 2008. Chemical composition and ultrahigh-P metamorphism of garnet peridotites from the Sulu UHP terrane, China: investigation of major, trace elements and Hf isotopes of minerals. Chemical Geology, 255: 250~264.

Zhang S B, Zheng Y F. 2013. Time and space of Neoproterozoic low $\delta^{18}O$ magmatic rocks in South China. China Science Bulletin, 58: 2344~2350.

Zhang S H, Zhao Y, Davis G A, et al. 2014. Temporal and spatial variations of Mesozoic magmatism and deformation in the North China Craton: implications for lithospheric thinning anddecratonization. Earth-Sci. Rev., 131: 49~87.

Zhang X Y, Liu L, Sun Q, et al. 2023. Geochemistry of the Early Cretaceous saline lacustrine shales on theLingshan Island, East China: implications for provenance, tectonic setting, and paleoweathering. Geosciences Journal, 27 (4): 435~453.

Zhang Y, Dong S, Shi W. 2003. Cretaceous deformation history of the middle Tan-Lu fault zone in Shandong Province, eastern China. Tectonophysics, 363: 243~258.

Zhang Z M, Dong X, Liou J G, et al. 2011. Metasomatism of garnet peridotite from Jiang zhuang, southern Sulu UHP belt: constraints on the interactions between crust and mantle rocks during subduction of continental lithosphere. Journal of Metamorph Geology, 29: 917~937.

Zhang Z M, Xiao Y L, Liu F L, et al. 2005. Petrogenesis of UHP metamorphic rocks from Qinglongshan, southern Sulu, east-central China. Lithos, 81 (1-4): 189~207.

Zhao G C, Sum M, Wilde S A, et al. 2005. Late Archean to Paleoproterozoic evolution of the North China Craton: Key issues revisited. Precambrian Research, 136: 177~202.

Zhao R, Wang Q F, Liu F L, et al. 2016. Architecture of the Sulu crustal suture between the North China Craton and Yangtze Craton: Constraints from Mesozoic granitoids. Lithos, 266-267: 348~361.

Zhao Z F, Liu Z B, Chen Q. 2017. Melting of subducted continental crust: Geochemical evidence from Mesozoic granitoids in the Dabie-Sulu orogenic belt, east-central China. Journal of Asian Earth Sciences, 145 (A): 260~277.

Zhao Z F, Zheng Y F. 2009. Remelting of subducted continental lithosphere: Petrogenesis of Mesozoic magmatic rocks in the Dabie-Sulu orogenic belt. Science China Earth Sciences, 52 (9): 1295~1318.

Zhao Z F, Zheng Y F, Wei C S, et al. 2008. Zircon U-Pb ages, Hf and O isotopes constrain the crustal architecture of the ultrahigh-pressure Dabie orogen in China. Chem. Geol., 253: 222~242.

Zhao Z F, Zheng Y F. 2009. Remelting of subducted continental lithosphere: petrogenesis of Mesozoic magmatic rocks in the Dabie -Sulu orogenic belt. Science in China (D), 52: 1295~1318.

Zheng Y F, Chen R X, Zhao Z F. 2009. Chemical geodynamics of continental subduction-zone metamorphism: insights from studies of the Chinese Continental Scientific Drilling (CCSD) core samples. Tectonophysics, 475: 327~358.

Zheng Y F, Fu B, Gong B, et al. 2003. Stable isotope geochemistry of ultrahigh pressure metamorphic rocks from the Dabie-Sulu orogeny in China: implications for geodynamics and fluid regime. Earth Science Review, 62: 105~161.

Zheng Y F, Wu Y B, Chen F K, et al. 2004. Zircon U-Pb and oxygen isotope evidence for a large-scale ^{18}O depletion event in igneous rocks during the Neoproterozoic. Geochimica et Cosmochimica Acta, 68: 4145~4165.

Zheng Y F, Zhou J B, Wu Y B, et al. 2005. Low-grade metamorphic rocks in the Dabie-Sulu orogenic belt: a passive-margin accretionary wedge deformed during continent subduction. International Geology Review, 47: 851~871.

Zheng Y F. 2008. A perspective view on ultrahigh-pressure metamorphism and continental collision in the Dabie-Sulu orogenic belt. Chinese Science Bulletin, 53 (20), 3081~3104.

Zheng Y F. 2012. Metamorphic chemical geodynamics in continental subduction zone. Chemical Geology, 328: 5~48.

Zhou J B, Wilde S A, Zhao G C, et al. 2008. SHRIMP U-Pb zircon dating of the Wulian complex: defining the boundary between the north and south China cratons in the Sulu orogenic belt, China. Precambrian Research, 162 (3-4): 559~576.

Zhou Y Q, Peng T M, Zhou T F, et al. 2017. Soft-sediment deformation structures related to volcanic earthquakes of the Lower Cretaceous Qingshan Group in Lingshan Island, Shandong Province, East China. Journal of Palaeogeography, 6 (2): 162~181.

Zhu G, Chen Y, Jiang D, et al. 2015. Rapid change from compression toexten-sion in the North China Craton during the Early Cretaceous: evidence from the Yunmengshan metamorphic core complex. Tectonophysics, 656: 91~110.

Zhu G, Liu G S, Dunlap W L, et al. 2004. $^{40}Ar/^{39}Ar$ geochronological constraints on syn-orogenic strike-slip movement of the Tan-Lu fault zone. Chinese Science Bulletin, 49 (5): 499~508.

Zhu G, Wang Y S, Liu G S, et al. 2005. $^{40}Ar/^{39}Ar$ dating of strike-slip motion on the Tan-Lu fault zone, East China. Journal of Structural Geology, 27 (8): 1379~1398.

Zhu R X, Chen L, Wu F Y, et al. 2011. Timing, scale and mechanism of the destruction of the North China Craton. Science China: Earth Science, 54: 789~797.

Zhu R X, Xu Y G. 2019. The subduction of the west Pacific plate and the destruction of the north China craton. Science China: Earth Science, 62: 1340~1350.

Zhu R X, Yang J H, Wu F Y. 2012. Timing of destruction of the North China Craton. Lithos, 149 (4): 51~60.

Zorpi M J, Coulon C, Orsini J B. 1991. Hybridization between felsic andmaficmagmas in calc-alkaline granitoids—a case study in northern Sardinia, Italy. Chemical Geology, 92: 45~86.

Zulauf J, Zulauf G, Hammer J, et al. 2011. Tablet boudinage of an anhydrite layer in rock-salt matrix: results from thermomechanical experiments. Journal of Structural Geology, 33: 1801~1815.